FRIEDRICH POHL

VARROA —MILBE

EINFACH UND SICHER BEKÄMPFEN

DAS KOSMOS VERSPRECHEN
Mehr entdecken, mehr verstehen
Expertenwissen seit 1822

KOSMOS

INHALT

DAS KOSTENLOSE EXTRA:
DIE KOSMOS-PLUS-APP FÜR DIGITALE ZUSATZINHALTE

Dieses Buch bietet Ihnen weitere Inhalte in Form von 14 Diagnosetabellen für die eigene Imkerei, die im Buch durch dieses Symbol gekennzeichnet sind.

Und los geht's:

1. Besuchen Sie den App Store oder Google Play.
2. Laden Sie die kostenlose App „KOSMOS PLUS" auf Ihr Mobilgerät.
3. Dann öffnen Sie die App, schalten die Inhalte mit dem Code „Pohl_Varroamilbe" frei und laden die Inhalte für das Buch herunter.
4. Auf den Seiten mit dem Symbol finden Sie die Tabellen „Zeitschema für die eigene Imkerei". Um sie herunterzuladen, geben Sie den unten genannten Zahlen-Code in die App ein oder suchen Sie in der Medienleiste den entsprechenden Inhalt.

Mehr Informationen finden Sie unter plus.kosmos.de

ZEITSCHEMA FÜR DIE EIGENE IMKEREI – TABELLE ZUM DOWNLOAD

Die **Diagnosetabellen** helfen Ihnen, die Bekämpfungsmaßnahmen in Ihrer Imkerei durchzuführen und bieten Ihnen Platz für eigene Anmerkungen.

001 #01 Drohnenbrut schneiden (→ S. 40)

002 #02 Brutableger bilden (→ S. 52)

003 #03.1 Ameisensäure-Langzeitbehandlung (→ S. 57)

004 #03.2 Thymol-Langzeitbehandlung (→ S. 60)

005 #04 Brutpause durch Entweiselung (→ S. 68)

006 #04 Brutpause durch 2x9-Tage-Methode (→ S. 68)

007 #05 Brutpause mit gekäfigter Königin (→ S. 73)

008 #06 Brutpause und Fangwabe (→ S. 78)

009 #07 Bannwabenverfahren Grundversion (→ S. 85)

010 #07 Bannwabenverfahren 2x11-Tage-Rhythmus (→ S. 91)

011 #08 Teilen und Behandeln (→ S. 98)

012 #09 Totale Brutentnahme (→ S. 104)

013 #10 Natur- und Kunstschwärme (→ S. 114)

014 #11 Hyperthermie (→ S. 120)

Mehr entdecken, mehr verstehen

DAS KOSMOS VERSPRECHEN

Expertenwissen seit 1822

Welches Thema dich auch begeistert – auf unsere Expertise kannst du dich verlassen. Und das schon seit über 200 Jahren.

Unser Anspruch ist es, dich mit wertvollem Rat zu begleiten, dich zu inspirieren und deinen Horizont zu erweitern.

BEGEISTERUNG DURCH KOMPETENZ

Unsere Autorinnen und Autoren vereinen professionelles Know-how mit großer Leidenschaft für ihre Themen.

WISSEN, DAS DICH WEITERBRINGT

Leicht verständlich, lebensnah und informativ für dich auf den Punkt gebracht.

SACHVERSTAND, DEN MAN SEHEN KANN

Mit aussagestarken Fotos, Zeichnungen und Grafiken werden Inhalte besonders anschaulich aufbereitet.

QUALITÄT FÜR HEUTE UND MORGEN

Dafür sorgen langlebige Verarbeitung und ressourcenschonende Produktion.

Du hast noch Fragen oder Anregungen?
Dann kontaktiere unsere Service-Hotline: 0711 25 29 58 70
Oder schreibe uns: kosmos.de/servicecenter

ZU DIESEM BUCH

Die Varroamilbe ist und bleibt eine Herausforderung und Bedrohung für unsere Bienen und für uns Imkerinnen und Imker!
Während Anfänger einen Weg zwischen verschiedenen Bekämpfungsmethoden und -mitteln suchen, haben viele „Altimker" fest eingefahrene Wege nach dem Motto: „So habe ich das immer gemacht …".
Beides ist schwierig – das Ändern von Gewohnheiten und den richtigen Weg zu finden. Besonders, weil wir flexibel bleiben und die Situation in den Bienenvölkern immer wachsam beobachten müssen, um dann geeignete Maßnahmen treffen zu können.

Die Herausforderungen sind vielfältig:

- Keine Dauerbehandlung, um Bienen zu schonen.
- Möglichst biotechnische, „chemiefreie" Methoden anwenden.
- „Bienenschonende" Medikamente (organische Säuren und ätherische Öle) verwenden.
- Keine „Blindbehandlungen", ohne Messung der Varroasituation, durchführen.
- Bei wechselhaften oder extremen Witterungsbedingungen (Klimaveränderung) sind manche Medikamente nicht einsetzbar, wegen Kühle oder hoher Luftfeuchtigkeit weniger wirksam oder bei Hitze viel zu stark wirkend.

GANZJÄHRIGER TEIL DER BETRIEBSWEISE

Wer in der Vergangenheit mit einer Sommerbehandlung mit Ameisensäure ausgekommen ist, der wird durch Bienenverluste schmerzlich bemerkt haben, dass diese feste Vorgehensweise nicht erfolgreich war. Vielleicht dann doch noch eine weitere oder spätere Behandlung durchführen? Warum nicht anstelle der ersten Sommerbehandlung eine Brutpause einlegen und diese mit einer „bienenfreundlichen" Sprühbehandlung oder einer Fangwabe effektiv nutzen? Dies ist auch ein optimaler Zeitpunkt für die Wabenerneuerung im Brutraum. Bei Bedarf kann die Brutpause auch zum Nachziehen oder Einweiseln einer neuen Königin genutzt werden.

Dieses Buch zeigt, dass die Varroabekämpfung nicht ein einmaliger Teil der Betriebsweise ist, sondern sie ist ganzjährig mit den anderen Zielen der Betriebsweise „verwoben". Und mit einigen Maßnahmen lassen sich auch andere Krankheitserreger, z. B. Bienenviren, bekämpfen!

Bleiben wir flexibel und wachsam und erfreuen wir uns weiter an und mit unseren Bienenvölkern.

Dr. Friedrich Pohl

Fehler passieren! Aber man sollte immer versuchen, daraus zu lernen.

VARROAMILBE
— *Biologie und Diagnose*

DIE VARROAMILBE

Sprechen wir von der Varroamilbe oder Varroa, meinen wir die Milbe *Varroa destructor*, die zu den Spinnentieren zählt. Dieser wissenschaftliche Name setzt sich aus der Gattung (*Varroa*) und der Art (*destructor*) zusammen. Zuweilen lässt sich noch die veraltete Bezeichnung *V. jacobsoni* in der Literatur finden.

Die Gattung ist nach einem altrömischen Agrarwissenschaftler, Marcus Terrentus Varro, benannt. Der Artname ist direkt aus dem Lateinischen entnommen und bedeutet „der Zerstörer".

Durch die Fortschritte innerhalb der DNA-Forschung war es erst im Jahr 2000 möglich, die Arten *V. jacobsoni* und *V. destructor* genetisch voneinander zu unterscheiden. Morphologisch, also anhand ihrer Körpermerkmale, lassen sich diese beiden Arten nicht voneinander unterscheiden. Im Gegensatz zu *V. destructor* hat *V. jacobsoni* ihren natürlichen Lebensraum nicht verlassen und kommt bis heute nur endemisch im asiatischen Raum vor.

Der Lebenszyklus dieser Milben setzt voraus, dass sie ihren Lebensrhythmus an den ihres Wirtes anpassen müssen. Ein Parasit-Wirt-Verhältnis setzt in der Natur voraus, dass Wirt und Parasit sich aufeinander einstellen müssen. Diese Anpassung geschieht im Laufe der Evolution über einen sehr langen Zeitraum, der mehrere zehntausend Jahre des Zusammenlebens benötigt und sich fortwährend weiterentwickelt. Der Wirt, in diesem Fall die Biene, ist darauf aus, den Parasiten, der ihr schadet und zu keinem Vorteil verhilft, loszuwerden. Der Parasit hingegen ist auf seinen Wirt angewiesen. Ohne die Biene ist die Varroamilbe nicht in der Lage, zu überleben. Die Milbe ernährt sich von ihrem Wirt und schadet ihm dadurch. Weiterhin schädigt sie ihren Wirt im Rahmen ihrer Vermehrung. Wenn der Wirt durch den Parasiten zu sehr geschädigt wird, hat dies auch Nachteile für den Parasiten. Im schlimmsten Fall wird der Wirt zugrunde gerichtet, was zur Folge hat, dass der Parasit seinen Lebensraum verliert. In einer gut angepassten Parasit-Wirt-Beziehung kann der Parasit seinen Wirt also nachhaltig über einen langen Zeitraum nutzen.

Varroamilben kommen ausschließlich parasitär vor. Sie können ohne ihren Wirt nicht überleben.

LEBENSWEISE DER VARROAMILBE

Die Lebensweise der Varroamilbe lässt sich grob in zwei Lebensphasen gliedern.
Man unterscheidet hierbei die phoretische Lebensphase von der reproduktiven Lebensphase. Außerhalb der Brutzellen sind nur adulte (erwachsene) weibliche Varroamilben überlebensfähig.
Für die reproduktive Phase nutzen die Varroamilben die Brut der Honigbienen. Hierzu erkennen die weiblichen Milben Larven der Biene, die sich im L5-Stadium befinden, also kurz vor der Verdeckelung der Zelle. Die weibliche Milbe erkennt diese L5-Stadien anhand bestimmter Gerüche. Sobald also die weibliche Milbe auf einer Ammenbiene sitzend in die Nähe einer L5-Larve gelangt, kriecht sie unter die Rundmade. Das ist der Grund, warum wir Imker bei der Kontrolle von Brutwaben nur selten Milben in der noch geöffneten Brut sehen können. Außerdem sind die Milben erst ab einer kritischen Population überhaupt erkennbar.

STECKBRIEF: ADULTE VARROAMILBE

- Geschlecht: weiblich
- Körperform: queroval
- Farbe: hellbraun (junge Milbe) bis dunkelbraun
- Körpergröße: 1,6 mm breit und 1,1 mm lang
- Anzahl Beine: 8
- Beine mit Haftorganen
- 1. Beinpaar: Verwendung zum Riechen und Tasten
- Augen: keine
- Mundwerkzeuge: stechend-saugend
- Verbreitung: nahezu weltweit
- ursprünglicher Wirt: *Apis cerana* (Östliche Honigbiene)
- Lebenserwartung: 2 bis ca. 4 Monate (Winter)
- Anzahl Brutzyklen: 2–3
- Ernährung: Gewebe des Fettkörpers über die Hämolymphe („Bienenblut")
- Vermehrung: auf Bienenbrut (8–10 × lieber in Drohnenbrut als auf Arbeiterinnenbrut)
- Nachkommen in Drohnen-Brutzellen: 2–4 Tochtermilben und eine männliche Milbe (stirbt),
- Nachkommen in Arbeiterinnen-Brutzellen: 1–2 Tochtermilben und eine männliche Milbe (stirbt nach der Begattung der Schwester-Milben)

REPRODUKTIVE PHASE

Sobald die Zelle verdeckelt ist und die Rundmade ihren Futtervorrat aufgebraucht hat und sich in der Zelle aufrichtet, beginnt die Reproduktion der Milben.
Etwa 50 Stunden nach der Verdeckelung der Zelle legt die weibliche Milbe ihr erstes Ei ab. Dabei handelt es sich um ein unbefruchtetes Ei, aus dem, wie bei den Bienen, ein männliches Tier hervorgeht. Im Abstand von jeweils ca. 30 Stunden legt die Muttermilbe weitere befruchtete Eier ab, aus denen weibliche Tiere schlüpfen. Nach 7 Tagen ist die Entwicklung der männlichen Milbe abgeschlossen und ein geschlechtsreifes Männchen ist in der Reproduktionszelle vorhanden. Etwa 12 Stunden nach dem Männchen hat die erste Tochtermilbe ihre Entwicklung abgeschlossen und ist geschlechtsreif. Das Männchen paart sich mit den geschlechtsreifen Weibchen innerhalb der Reproduktionszelle. Vorrangig werden dabei die zuletzt adult gewordenen Tochtermilben begattet. Die Larvenstadien und die männliche Milbe sind außerhalb der Reproduktionszelle nicht überlebensfähig. Weiterhin sind sie nicht in der Lage, eigenständig den Chitinpanzer der Brut oder gar adulter Bienen zu durchdringen. Sie müssen also an Stellen fressen, an denen die Muttermilbe die Brut bereits geöffnet hat. Aus einer befallenen Reproduktionszelle in der Arbeiterinnenbrut gehen zwei adulte Tochtermilben hervor, bei Drohnenbrut sind es bereits vier Tochtermilben. Jede weibliche Varroamilbe kann etwa zwei bis drei Reproduktionszyklen durchleben.

PHORETISCHE PHASE

In der phoretischen Lebensphase sitzen die ausgewachsenen (adulten) weiblichen Milben auf ihren adulten Wirt auf. Dabei sitzen sie zumeist auf dem Brustteil (Thorax) oder dem Hinterleib (Abdomen). Die Milben nutzen diese Phase zu unterschiedlichen Zeitpunkten in ihrem Leben: Zwischen den reproduktiven Phasen benötigen die weiblichen Milben eine phoretische Phase, in der sie sich auf den nächsten Vermehrungszyklus vorbereiten, dabei ernähren sie sich von den adulten Bienen. Diese Bienen werden dann durch die Milben als eine Art Taxi genutzt.

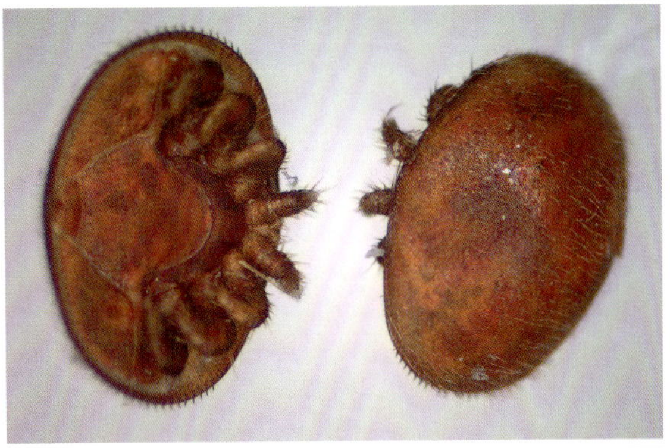

Blick auf die Unterseite (li.) und Rückenansicht (re.) der Milbe

VERBREITUNG DER MILBE

Verbringen die Milben die phoretische Phase auf Bienen, die bereits das Bienenvolk zu Sammelflügen verlassen, können sie auf diese Weise bei Blütenbesuchen mit anderen Bienen in Kontakt kommen und auf diese „umsteigen“. So können die Milben von einem Bienenvolk zu einem anderen transportiert werden und teils große Entfernungen zurücklegen. Auf ähnliche Weise können die Milben durch den Verflug von Arbeiterinnen, auf denen sie die phoretische Phase verbringen, das Wirtsvolk wechseln. Gelangen die Varroamilben auf diese Art in ein Bienenvolk, spricht man von einer Invasion, bzw. nach einer bereits durchgeführten Behandlung gegen die Varroose von einer Re-Invasion.

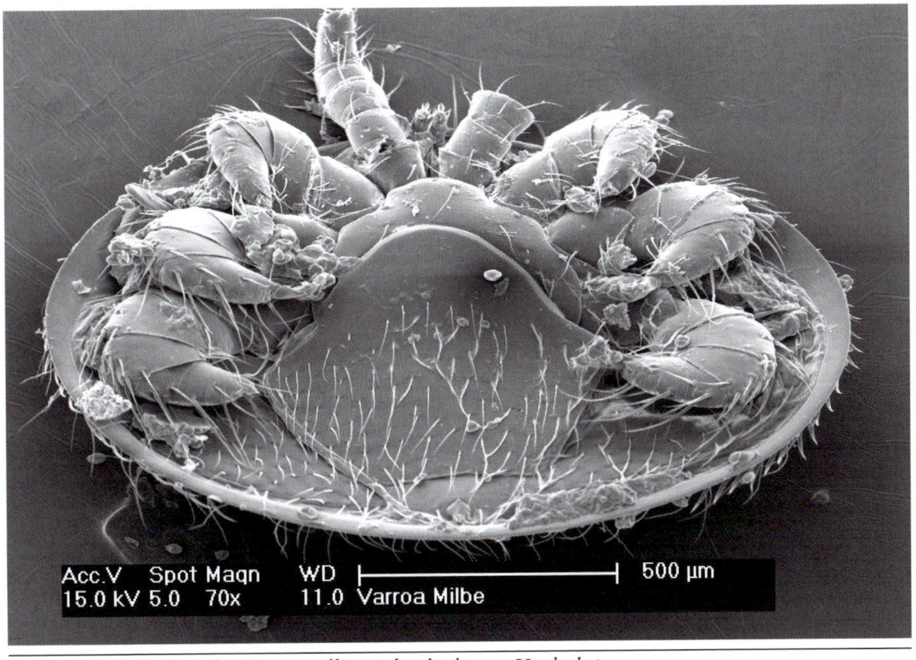

RasterEM-Aufnahme der Varroamilbe mit beschädigtem Vorderbein.

Brutfreie Phasen

In brutfreien Phasen des Bienenvolkes können die Varroen ausschließlich in der phoretischen Phase vorkommen. Brutfreie Phasen werden im natürlichen Zyklus des Bienenvolkes in der Winterruhe erreicht. Aber auch nach der natürlichen Art der Vermehrung durch einen Bienenschwarm: Der ausgezogene Schwarm besteht ausschließlich aus erwachsenen Bienen. Diese müssen zunächst in ihrer neuen Behausung Wabenwerk errichten, bevor neue Brut angesetzt werden kann. Bis die Brut das entsprechende Alter erreicht hat, fehlen den Varroamilben die Brutzellen für die reproduktive Phase. Im Altvolk befindet sich in der Regel eine verdeckelte Schwarmzelle im Alter von neun Tagen. Bis zum Schlupf der neuen Königin vergehen weitere sieben Tage. Diese neue Königin fliegt nach einiger Zeit zum Begattungsflug aus und beginnt mit der Eilage. Bis diese neue Brut das Alter erreicht hat, in dem die Varroen die Brut für die Vermehrung nutzen können, ist die letzte Brut der abgeschwärmten Königin bereits geschlüpft, sodass auch im Altvolk eine kurze Phase entsteht, in der alle vorhandenen Varroen in die phoretische Phase übergehen müssen. **In der phoretischen Phase sind die Varroamilben am anfälligsten. Zum einen können sie sich nicht vermehren und müssen sich von ihrem adulten Wirt ernähren. Der Chitinpanzer der adulten Bienen ist dabei schwieriger zu durchdringen als der der Brut. Weiterhin besteht die Möglichkeit, dass die phoretischen Varroen durch das Putzverhalten der Bienen abgebissen werden.** Dieses Verhalten wird inzwischen in der Zucht der Honigbiene zunehmend selektiert.

Ein weiterer wichtiger Punkt ist, dass mit Ausnahme der Ameisensäure alle aktuell vorhandenen und zugelassenen Varroazide nur auf phoretische Milben wirken. Daher beinhalten alle gängigen und seriösen Behandlungskonzepte eine brutfreie Phase im Spätsommer, bzw. eine brutfreie Phase zur Restentmilbung im Spätherbst.

Bienen sind nur langlebig und vital, wenn die Varroamilben bekämpft werden.

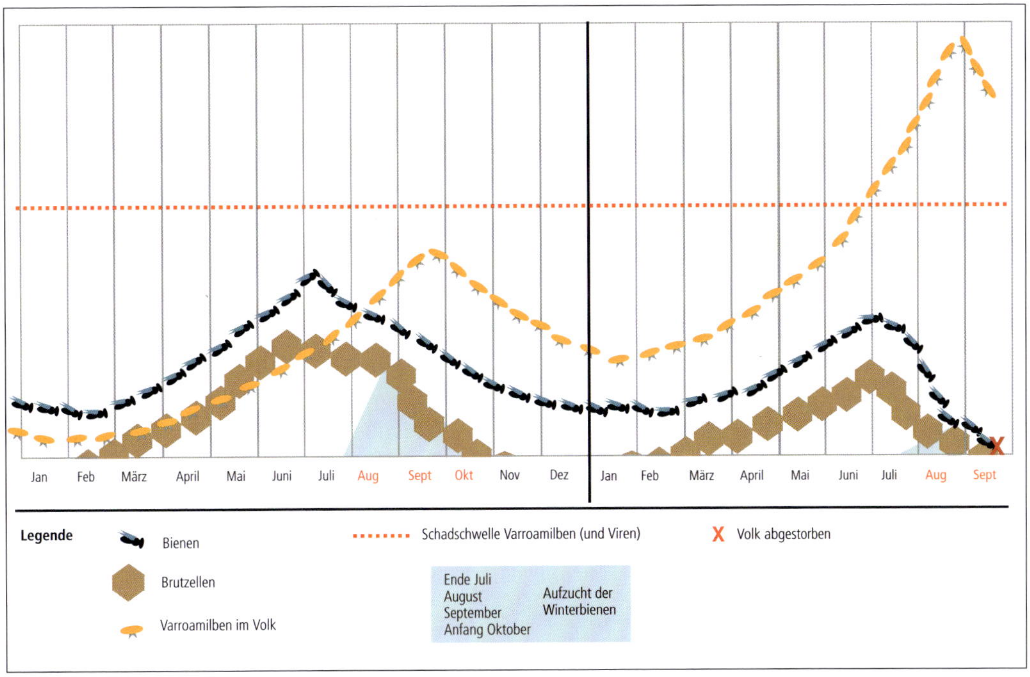

Entwicklung der Varroa-Population im Bienenvolk ohne Behandlung mit tödlichem Ende.

WIRTSWECHSEL UND WELTREISE

Der ursprüngliche Wirt der Varroamilben ist die Östliche Honigbiene (*Apis cerana*). Zwischen der Östlichen Honigbiene und den Varroamilben hat sich über die Jahrtausende ein Parasit-Wirt-Verhältnis entwickelt, in dem die Östliche Honigbiene mit dem Befall durch Varroamilben zurechtkommt. Somit entstehen im natürlichen Verbreitungsgebiet der Varroamilben keine Schäden an den Völkern der Östlichen Honigbiene. Für die reproduktive Phase ist die Varroamilbe an das Puppenstadium der Biene gebunden. Aus der Entwicklung der Milbe ist erkennbar, dass dieses Puppenstadium mindestens 12 Tage dauern muss, sodass man von einer erfolgreichen Reproduktion der Milbe sprechen kann. Nur in einer erfolgreichen Reproduktion gehen aus einer befallenen Zelle neben der Muttermilbe weitere geschlechtsreife weibliche Milben hervor.

Vergleicht man die Östliche Honigbiene mit der Westlichen Honigbiene (*Apis mellifera*), lassen sich in den Puppenstadien der einzelnen Bienenwesen Unterschiede erkennen: Die Königinnen liegen mit ihren Puppenstadien unterhalb der Mindestzeit für eine erfolgreiche Milbenreproduktion. Die Drohnenbrut beider Bienenarten hat ein Puppenstadium von 14 Tagen. Die Arbeiterinnen der Östlichen Honigbiene benötigen für ihr Puppenstadium 11 Tage, die der Westlichen Honigbiene hingegen 12 Tage. Daraus ergibt sich, dass in der Östlichen Honigbiene nur die Drohnenbrut zur erfolgreichen Vermehrung der Varroamilbe genutzt werden kann.

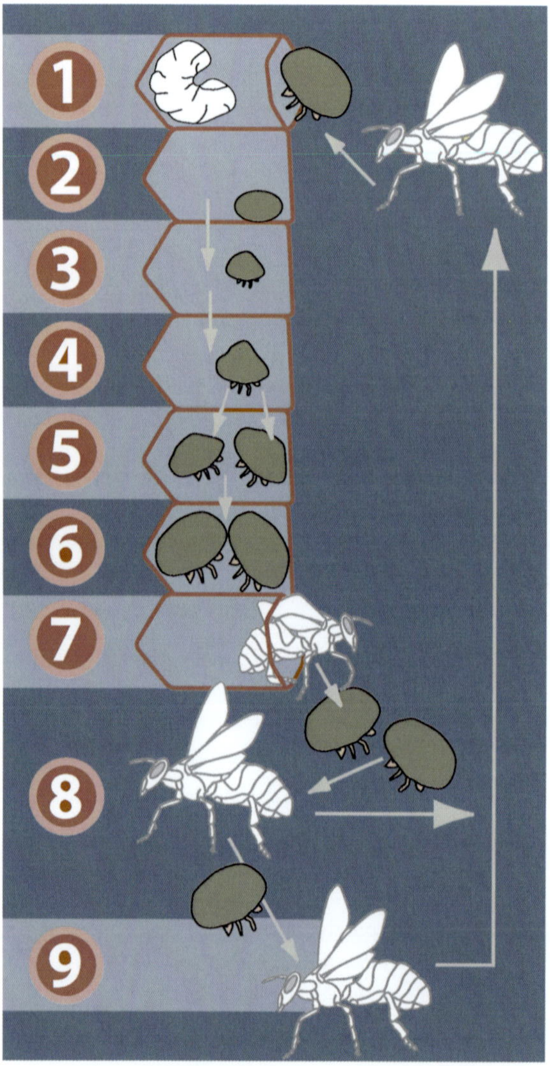

Varroa-Zyklus: (1) Milbenweibchen steigt von Stockbiene in eine Brutzelle. (2) Eiablage nach Zellverdeckelung, (3) und (4) Schlupf der Milben-Nymphen. (5) Begattung der jungen Weibchen. (6) Altmilbe (Muttermilbe) und Jungmilben in der Zelle. (7) Mit der Biene können die Milben aus der Zelle gelangen. (8) Trägerphase auf einer Stockbiene, von dort begeben sich die Milben zur Vermehrung in die Brutzelle (1) oder überdauern die brutlose Winterphase auf der Biene.

Bei der Westlichen Honigbiene kann die erfolgreiche Reproduktion sowohl in den Zellen der Drohnenbrut als auch in den Zellen der Arbeiterinnen stattfinden. Die Vermehrung in den Arbeiterinnen hat für die Westliche Honigbiene erhebliche Auswirkungen und stellt den wesentlichen Unterschied zur Östlichen Honigbiene in Bezug auf die Varroose dar.

Der natürliche Verbreitungsraum der Varroamilben liegt innerhalb des Lebensraumes von *Apis cerana*. Im Laufe der Evolution haben sich zwei unterschiedliche Bienenarten, *A. mellifera* und *A. cerana*, entwickelt. Durch die großen Fortschritte innerhalb der Zucht und der Selektion der *A. mellifera*, wurde diese weltweit in neue Lebensräume eingebracht. So auch in das natürliche Verbreitungsgebiet der *A. cerana*. Bereits 1952 konnte das erste Mal beobachtet werden, dass die Varroamilbe Völker der *A. mellifera* im östlichen Russland befallen hatte. Ein weiterer Wirtswechsel dieser Art wurde 1958 in Japan beschrieben. Erstmalig wurde in Osteuropa 1967 der Befall von Bienenvölkern mit Varroose beschrieben. Im Jahr 1977 wurde dann an einem deutschen Bieneninstitut erstmalig die Varroose festgestellt. Sowohl Funde in Osteuropa 1967 sowie die vorherigen Wirtswechsel und genetische Studien zeigen jedoch eindrücklich, dass dieser Nachweis an einem deutschen Bieneninstitut nicht der Ausgangspunkt für den weltweiten Siegeszug der Varroose war. Vielmehr hat sich die Varroose durch (Re-)Invasion, aber in erster Linie durch imkerliche Tätigkeiten verbreiten können. Hierzu zählen zum einen der Austausch von Bienen und Brut zwischen Völkern und Bienenständen und das Verbringen von Bienenvölkern (z. B. durch das Wandern).

VARROOSE – SCHÄDIGUNG DURCH VIRUSINFEKTION

Beitrag von Dr. Hannes Beims
Als eine -ose bezeichnet man in der Medizin üblicherweise eine Erkrankung mit einem Erreger. Eine Bakteriose ist also eine Erkrankung aufgrund von Bakterien. Die Varroose ist somit der Befall eines Bienenvolkes mit der Varroamilbe. In älterer Literatur findet man z. T. die veraltete Form Varroatose.

RECHTLICHE LAGE

In Deutschland existiert seit 1972 die Bienenseuchenverordnung (BienSeuchV). In ihr sind anzeigepflichtige Erkrankungen der Honigbiene aufgeführt, sowie die gesetzlichen Vorgehensweisen auf Bundesebene zusammengefasst. In den Bundesländern werden die Ausführungen der BienSeuchV genauer spezifiziert, was zu Unterschieden in den Vorgehensweisen der einzelnen Bundesländer führen kann.
Zur Umsetzung der Europäischen Rechtsprechung bedarf es einer Novellierung der BienSeuchV. Seit April 2021 hat sie daher nur noch einen Übergangscharakter, wird aber bis zur abschließenden Novellierung weiter angewendet werden. In der BienSeuchV ist der Befall mit der Varroamilbe in § 15 geregelt. Über die Zeit wurde dieser Paragraph der Situation in Deutschland angepasst. **Somit ist heute geregelt, dass Bienen jährlich gegen die Varroose behandelt werden müssen.** Man geht also davon aus, dass alle (!) Bienenvölker mit Varroamilben befallen sind, bzw. im Laufe des Jahres durch (Re-)Invasion infiziert werden. Die Behandlung ist aktuell nicht weiter spezifiziert. Somit zählen sowohl medikamentöse Behandlungen als auch biotechnologische Verfahren zur Behandlung.

Bei der **medikamentösen Behandlung** setzt man Mittel gegen die Milben ein, sogenannte Akarizide. Da diese Mittel im speziellen gegen die Varroamilbe wirken sollen, spricht man hier von Varroaziden. Bei den Varroaziden lassen sich aktuell drei große Wirkstoffgruppen unterscheiden:
- organischen Säuren (Milchsäure, Ameisensäure und Oxalsäure)
- ätherische Öle (z. B. Thymol)
- synthetische Wirkstoffe (z. B. Flumethrin)

Die **biotechnologischen Verfahren** umfassen alle imkerlichen Tätigkeiten, die den Varroadruck im Bienenvolk reduzieren; beispielsweise das Verwenden von Bannwaben, das Schneiden der Drohnenbrut oder die komplette Brutentnahme.
Weiterhin kann gemäß BienSeuchV die zuständige Behörde (Veterinärbehörde) die Behandlung aller Bienenvölker in einem bestimmten Gebiet innerhalb eines bestimmten Zeitraumes mit einem festgelegten Mittel anordnen. Die Varroose ist auf europäischer Ebene weiterhin als Bienenseuche gelistet. Es ist also davon auszugehen, dass auch nach der Novellierung der BienSeuchV die beiden genannten Punkte Gültigkeit behalten werden.

PRIMÄRE SCHÄDEN

Die Biene durchläuft eine holometabole Entwicklung, es findet also eine vollständige Metamorphose innerhalb der Entwicklung statt, in der verschiedene Entwicklungsstadien durchlaufen werden. Bei der Biene handelt es sich hierbei um Ei, Larve, Puppe und Imago. Betrachten wir die Arbeiterin, so benötigt sie für diese Entwicklung 21 Tage, in denen die drei Entwicklungsstadien durchlaufen werden, ehe am 21. Tag die fertig entwickelte Arbeiterin aus der Zelle schlüpft. Die ersten drei Tage in der Entwicklung durchläuft die Arbeiterin das Ei-Stadium, dabei ernährt sich der Embryo vom Vorrat im Ei. Anschließend schlüpft die L1-Larve aus dem Ei und wird bis zum L5-Stadium von Ammen gepflegt und gefüttert. Am neunten Tag wird die Brutzelle verdeckelt. Damit endet die Fütterungsphase, in der die Brut Nahrung aufnehmen kann. Bevor die Larve in das Puppenstadium übergeht, verbinden sich Mittel- und Enddarm, sodass es erstmalig zum Abkoten in der Brutzelle kommen kann. Während der Puppenphase findet die Metamorphose statt. Stark vereinfacht ausgedrückt, werden dabei die inneren und äußeren Strukturen komplett umgebildet, sodass am Ende der Metamorphose eine vollentwickelte Honigbiene aus der Zelle schlüpft.
Die Aufnahme von Nährstoffen kann also nur über einen sehr kurzen Zeitraum während der Entwicklung im Larvenstadium stattfinden. Alle Nährstoffe, die nach der Larvenphase aus dem Körper der Brut entfernt werden, fehlen in der Weiterentwicklung zur fertigen Biene. Wenn also eine Varroamilbe die Brutzelle für die Reproduktion nutzt, frisst die Milbe mitsamt ihren Nachkommen vom Körper der Puppe. Diese Nährstoffe fehlen für die Entwicklung vitaler Bienen. Setzt man die Biene in Relation zur Milbe, so erscheint das Verhältnis ähnlich wie zwischen Menschen und einem Parasiten in der Größe eines Kaninchens. **Je höher also der Befall mit Varroamilben innerhalb der Brutzelle ist, umso mehr Nährstoffe und Bausteine fehlen der Brut in der Entwicklung zur fertigen Biene.**
Neueste Forschungen lassen darauf schließen, dass die Milben sich eher von Gewebe des Fettkörpers als von der Hämolymphe (Bienenblut) ernähren, wie lange vermutet wurde. Hierdurch sind besonders die „Leber“ und das Immunsystem der Biene betroffen. Darüber hinaus ist diese Parasitierung mit erheblichem Stress für die Brut verbunden, der sie anfälliger für weitere Schädigungen macht.

Varroamilbe sucht eine Brutzelle mit Rundmade, die kurz vor der Verdeckelung steht.

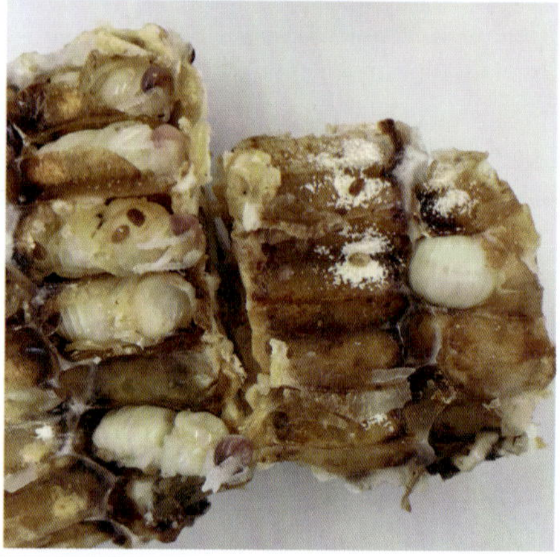

Drohnenbrut: Varroamilben in unterschiedlicher Färbung und weißer Milbenkot.

SEKUNDÄRE SCHÄDEN

In früheren Zeiten waren die Befallszahlen mit Varroamilben zumeist deutlich höher als heute, ohne dass es zu verheerenden Schäden an den Bienenvölkern kam. Die Schädigungen an Bienenvölkern erfolgten zumeist durch primäre Schäden. Eine Behandlung gegen die Varroamilbe im Spätherbst oder Winter reichte zumeist aus, um schwerwiegende Schäden im Folgejahr abzuwenden.

Seit jeher gibt es Viren, die sich auf Bienen spezialisiert haben. Bis heute sind über 30 verschiedene Viren bekannt, die im Bienenvolk vorkommen können. Das prominenteste Bienenvirus ist das **Flügeldeformations-Virus** (kurz: DWV, aus dem englischen deformed wing virus). Bei den bekannten Bienenviren handelt es sich um Viren, deren Erbmasse aus RNA besteht. Die RNA ist wesentlich anfälliger gegenüber Veränderungen (Mutationen) als DNA. Somit konnte sich eine sehr hohe Anzahl an Virusvarianten entwickeln. Bei DWV kann zwischen verschiedenen Unterarten differenziert werden. Dabei kommt DWV-B eine besondere Rolle zu.

Bereits vor dem Auftreten der Varroamilbe gab es Viren in den Völkern der Honigbiene. Auch das DWV konnte nachgewiesen werden. Die Bienen infizierten sich in der Regel durch den Kontakt untereinander und über die orale Aufnahme der Viruspartikel. Somit konnten die Viruspartikel bis in den Darm der Bienen gelangen. Die Innenseite des Darms ist mit einer Schutzschicht, der Peritrophischen Matrix ausgekleidet, die eine Barriere zwischen Darminneren und dem Gewebe der Bienen darstellt.

Mit der Zeit konnten sich verschiedene Varianten des DWV entwickeln. Darunter auch die Variante DWV-B, die zuweilen auch als VDV-1 bezeichnet wird. VDV-1 steht dabei für Varroa-destructor-virus-1, also das erste Virus, das man in der Varroamilbe gefunden hat. DWV-B hat sich also so verändert, dass es sich nicht nur innerhalb der Honigbienen halten kann, sondern auch in der Varroamilbe.

Viren sind keine Lebewesen, sondern eher biologische Strukturen. Sie bestehen vereinfacht aus einer Eiweißhülle, in der sich die Erbmasse in Form von RNA oder DNA befindet. Viren haben keinen Stoffwechsel und können sich nicht selbstständig vermehren. Die Vermehrung findet in einer Wirtszelle statt. Dazu muss das Viruspartikel von einer geeigneten Wirtszelle aufgenommen werden. Anschließend wird diese Wirtszelle so umprogrammiert, dass sie die Erbmasse des Virus und die Eiweißhülle herstellt, anstatt ihre eigenen Bauteile. Die infizierte Wirtszelle wird also zu einer Art Virus-Fabrik. Anschließend wird die Wirtszelle zerstört und eine immense Anzahl neuer Viruspartikel wird freigesetzt.

VEKTORIELLE VIRUSÜBERTRAGUNG

DVW-B kann sich in den Zellen der Varroamilbe vermehren. Die Varroamilbe hingegen vermehrt sich in der Brut der Honigbiene. Während der Verpuppung findet in der Bienenbrut die Metamorphose statt. Dabei werden vorhandene Strukturen innerhalb des Körpers komplett umgebaut und neuorganisiert. Durch die Fraßstelle an der Puppe kann die Varroamilbe, ähnlich einer Zecke, Viren in den Körper der Puppe übertragen. Klassischerweise ist für die DWV die Barriere zwischen Darm und Körperinnenraum nicht überwindbar. Mithilfe der Varroamilbe können Viruspartikel jedoch direkt in den Körper der Puppe gelangen und im Rahmen der Metamorphose alle Bereiche des Körpers erreichen, insbesondere die Nervenzellen sind davon betroffen. Durch die Varroamilbe besteht also neben den herkömmlichen Infektionswegen (vertikal und horizontal) auch die Möglichkeit der vektoriellen Virusübertragung.

Die Arbeiterin (Bildmitte) hat verkrüppelte Flügel – Infektion mit dem DWVirus.

Die typischen Symptome bei Schäden durch DWV sind dem Imker zumeist nur als deformierte Flügel oder abnorme Abdomen der Bienen bekannt. Diese so geschädigten Bienen weisen eine deutlich verkürzte Lebenserwartung von nur wenigen Tagen auf. Verheerender sind jedoch die unterschwelligen Schäden durch DWV-B, die mit bloßem Auge nicht erkennbar sind. Bienen, die während ihrer Entwicklung in geringerem Maße mit DWV-B geschädigt wurden, weisen eine maximale Lebenserwartung auf, die im Gegensatz zu gesunden Bienen reduziert ist. Bei den Sommerbienen fällt dieser Schaden nicht auf, da die durchschnittliche Lebenserwartung einer Sommerbiene zumeist sechs Wochen nicht übersteigt. Die Winterbiene wird hingegen klassischerweise im August und September erbrütet und überlebt bis ins Frühjahr des Folgejahres, also bis zu sechs Monate und länger. DWV-B-geschädigte Bienen können dieses Alter nicht erreichen. So kann es vorkommen, dass ein DWV-B-geschädigtes Volk zur Einwinterung unauffällig erscheint und eine offensichtlich erfolgreiche Restentmilbung im Spätherbst durchgeführt wird. Zur Auswinterung ist das Volk jedoch abgängig. Die Schädigung dieses Volkes ist dann bereits vor der Einwinterung mit der Aufzucht DWV-B-geschädigter Winterbienen erfolgt.
Vor diesem Hintergrund wird klar, dass die Restentmilbung im Spätherbst/Winter im Vergleich zu früheren Zeiten an Bedeutung eingebüßt hat. Die Spätsommerpflege hat inzwischen einen weitaus wichtigeren Stellenwert erreicht. **Um eine erfolgreiche Überwinterung zu gewährleisten, ist die Aufzucht langlebiger Winterbienen unabdingbar. Hierzu bedarf es eines möglichst niedrigen Befallsdruckes mit Varroamilben zur Zeit der Aufzucht der Winterbienen.** Eine Behandlung nach der letzten Honigernte ist daher in jedem Fall ratsam. Unabhängig davon, ob durch Varroazide, biotechnologische Methoden oder einer Kombination beider Herangehensweisen.

ÜBER DEN AUTOR

Dr. Hannes Beims begann als Jugendlicher mit der Bienenhaltung und studierte Biologie. Dabei spezialisierte er sich auf Mikro- und Infektionsbiologie mit dem Schwerpunkt „Infektionskrankheiten der Honigbiene". Anschließend befasste er sich am Bieneninstitut Celle u. a. mit Virosen der Honigbiene. Seit 2022 ist er Leiter der Fachberatung für Imkerei des Bezirks Oberbayern mit dem Schwerpunkt Aus- und Weiterbildung von Imkernden.

VARROA-DIAGNOSE IN DER IMKERPRAXIS

Alle Eingriffe zur Krankheitsbekämpfung erfordern eindeutige Informationen zum aktuellen Zustand des Bienenvolkes – eine Behandlung im „Blindflug" macht dagegen keinen Sinn. Nur so kann die richtige Maßnahme zum richtigen Zeitpunkt erfolgen, effektiv sein und unnötige Nebenwirkungen verhindern!

VARROABEFALL UND BIENENVIREN

Man kann die aktuelle Varroasituation am besten über die Gemülldiagnose, alternativ über die (aufwändigere) Puderzuckermethode feststellen – dagegen lässt sich die Situation der Bienenviren leider nicht direkt ermitteln. Stattdessen untersucht man den Zustand des Bienenvolkes auf sichtbare Virusschäden und eine mögliche „gebremste" bis gar „dramatisch abnehmende" Entwicklung des Volkes. Auch die Varroasituation spielt hierbei eine Rolle.

HINWEISE AUF KRITISCHEN VARROABEFALL

Bei der Volksdurchsicht sollte man jederzeit auf typische Warnzeichen für eine kritische (zu große) Varroapopulation achten:

— Varroamilben sind auf erwachsenen Bienen
— Varroamilben laufen auf Brutwaben herum
— nachträglich von Bienen geöffnete Brutzelldeckel, um Varroamilben oder erkrankte Brut zu beseitigen

Gleichzeitig sollte man aber auch immer an die Folgen von Bienenviren denken und auf deren Schäden achten. Hierbei sind das Aussehen und das Verhalten von Bienen entscheidend, besonders folgende Symptome:

— schwarze Bienen (Haarverlust; ohne Auftreten von Räuberei oder Waldtracht)
— verkrüppelte Bienen mit verkrüppelten Flügeln und/oder verkürztem Hinterleib
— untypisch stark abnehmende Bienenmasse (Verhältnis Brutfläche zur Bienenmasse)
— nachträglich von Bienen geöffnete Brutzelldeckel und ausgefressene erkrankte Brut
— zitternde und sich sehr merkwürdig bewegende/verhaltende Bienen, Bienen mit aufgedrehten Flügeln
— Abweisen von Bienen am Flugloch bzw. Herauswerfen von kranken Bienen aus dem Stock
— verstärkter Totenfall und Krabbler vor/unter dem Fluglochbereich
— Kotspuren auf den Waben (ein „unsicheres" Symptom)

Schwarzfärbung und Zittern „verraten" Viruserkrankungen.

GEMÜLL-UNTERSUCHUNG

Hierfür wird ein helles Kunststoffbrett („Bodenschieber“, „Diagnoseschieber“, „Varroawindel oder „Gemülldiagnoseschublade“ genannt) unterhalb des Varroagitters in den Beutenboden geschoben – meist ist dies Bestandteil des Beutenbodens. Die Oberfläche dieses „Brettes“, das im Folgenden Gemüllwindel genannt wird, sollte man vorher direkt mit Speiseöl einsprühen oder mit Papier („Küchenrolle“), das vorher mit Speiseöl getränkt wurde, bedecken: So werden z. B. Ameisen und Ohrenkneifer daran gehindert, die „leckeren“ Varroamilben aufzufressen, um so das Auszählen der heruntergefallenen Milben zu verfälschen.
Die Gemüllwindel bleibt meist (mindestens) 3 Tage im Bienenvolk, wird dann herausgezogen und direkt ausgewertet: Es werden alle Varroamilben gezählt, egal ob hell oder dunkel ausgefärbt.
Berechnung des täglichen Milbenfalls: Die Milbenzahl wird durch die Anzahl der Tage geteilt. 18 Milben in 3 Tagen:
18 Milben : 3 Tage = 6 Milben/Tag

VORTEILE DER GEMÜLLDIAGNOSE

Abfallende Varroamilben zeigen die unmittelbare Varroasituation und auch den Behandlungserfolg bei der Anwendung von Varroapräparaten („weicher“ Chemie) an.

Wichtige Hinweise auf den Zustand des Volkes:

- Hinweise auf Brutaktivität: junge, hell ausgefärbte und alte, dunkel ausgefärbte Varroamilben sind aus frisch geschlüpften Brutzellen geputzt worden.
- Hinweise auf Brutaktivität des Volkes: Brutzelldeckel im Gemüll.
- Hinweise auf Räuberei (Gefahr der Verbreitung von Krankheiten, auch Varroamilben und Bienenviren!): „zerschrotete“ Wabenstücke.
- Reihen des Gemülls zeigen den Bienensitz bzw. den Sitz der Wintertraube an.
- Die Farbe des Gemülls lässt auf das Alter der Waben schließen: dunkle Waben = dunkles Gemüll, helle Waben = helles Gemüll.
- Mäusekot zeigt die Anwesenheit und Störung durch Mäuse an.
- Wachsmottenkot weist auf Wachsmottenbefall hin (Ursache: zu kleines Volk oder zu viele Waben für die Volksgröße).
- Hinweis auf Flug- und Brutaktivität: heruntergefallene Pollen zeigen Pollensammelflüge an.
- Hinweise auf Brutaktivität bei niedrigen Außentemperaturen oder undichte Beute: Feuchtigkeit und Schimmel auf dem Gemüll.
- Heruntergefallene Kalkbrut-Mumien lassen auf akuten Kalkbrut-Befall schließen (mangelnde Abwehrkraft des Volkes oder Volk kann das Brutnest nicht optimal temperieren/versorgen).

NACHTEILE

- Zeitintensiv: Verbleib von mindestens 3 Tagen im Beutenboden eingeschoben
- Aufwand: „Anti-Fraßschutz“ in Form von Speiseöl auf der Gemüllwindel

Natürlicher Milbenfall bedeutet, dass die Varroamilben eines natürlichen Todes gestorben und auf die Gemüllwindel gefallen sind – ohne Einwirkung eines Medikamentes (Chemie).

NATÜRLICHER MILBEN-FALL: BERECHNUNG

Vom natürlichen Milbenfall auf die Varroapopulation schließen!
Es gibt unterschiedliche „Formeln“ zur Berechnung der Milbenpopulation – der Autor hat sich für folgende Richtwerte entschieden (Quelle: www.lwg.bayern.de → Varroadiagnose).

Zeitraum Mai bis September:
bei wenigen Milben/Tag = Fallzahl × 300
bei vielen Milben/Tag = Fallzahl × 100

Zeitraum Oktober bis November:
Fallzahl × 500

Die Aussagekraft dieser Zahlen darf man nicht „überbewerten“: Letztendlich entscheiden über die Gesamtzahl der Milben im Bienenvolk viele weitere Faktoren, wie kritisch die Situation ist, ganz besonders das Auftreten von Bienenviren. Die errechneten Zahlen bieten erst einmal eine (grobe) Idee, wieviele Milben bei einer Behandlung fallen könnten.

„BEHANDLUNGSBEDINGTER“ MILBENFALL

– durch Varroamedikamente verursacht
Die Wirkstoffe der „weichen Chemie“ sorgen noch einige Wochen für den Abfall von Varroamilben. Diesen Milbenfall sollte man nicht mit dem natürlichen Milbenfall verwechseln. Je mehr Milben durch eine Behandlung fallen, desto besser!
Fallen nach der Anwendung von „weicher“ Chemie keine Milben, dann sind entweder gerade keine (freien) Milben im Volk, die Milben in der Brut kommen erst nach dem Schlupf der Bienen frei oder die Behandlung hat nicht gewirkt (→ weiter den natürlichen Milbenfall überprüfen und bei größerer Milbenfallzahl die Behandlung wiederholen).

Gemüll: Pollenhöschen, braune Zelldeckel und Wachsteilchen.

Varroamilben sind leicht mit bloßem Auge (ovale Form) erkennbar.

Einschub der Gemüllwindel von hinten in den Beutenboden.

NATÜRLICHER MILBENFALL

Der natürliche Milbenfall setzt nach dem Einsatz der „weichen" Chemie erst nach den folgenden Zeiträumen wieder ein (Werte aus diversen Veröffentlichungen zusammengestellt):

In brütenden Völkern (verdeckelte Brut)

- Ameisensäure-Behandlung: bis zu 3 Wochen
- Thymol-Behandlung: bis zu 3–4 Wochen

In brutlosen Völkern (keine verdeckelte Brut)

- Oxalsäure-Träufelbehandlung: bis zu 4–5 Wochen (Maximum in der 1. Woche)
- Oxalsäure-Sprühbehandlung: bis zu 2 Wochen
- Milchsäure-Sprühbehandlung: bis zu 2 Wochen
- Oxalsäure-Verdampfung: bis zu 2 Wochen

PUDERZUCKER-METHODE

Mit dieser Methode versucht man, den Varroabefall einer möglichst repräsentativen Bienenmenge im Bienenvolk zu bestimmen. Dieses Verfahren ist „bienenfreundlicher" als das Abtöten von Bienen zur Diagnose von Varroa.
Eine Bienenprobe aus dem Honigraum oder einer Randwabe (keine Brutwabe, da nicht repräsentativ!) mit dem Gewicht von 50 g (Briefwaage, entspricht in etwa 500 Bienen) wird in einen speziellen Behälter gefegt, mit ca. 35 g Puderzucker (5 Esslöffel) eingepudert und durchgeschüttelt. Vorhandene Varroamilben mögen dieses „Gepuder" gar nicht, fallen von den Bienen ab und durch ein Varroagitter aus dem Behälter auf eine Unterlage oder in ein Honigdoppelsieb (Feinsieb). Die Bienen werden zurück in das Bienenvolk gekippt, von anderen Arbeiterinnen abgeleckt und überstehen (meist) diese Prozedur.
Die Milbenanzahl wird ausgelesen und sollte in prozentualen Befall umgerechnet werden (siehe Tabelle S. 24/25):
Anzahl Milben/Bienengewicht × 10 = % befallene Bienen

VORTEILE DER PUDERZUCKER-METHODE

- unmittelbares, schnelles Ergebnis
- genaues Ergebnis, wenn das Bienengemisch „repräsentativ" ist

NACHTEILE

- Verkleben der Bienen, besonders bei hoher Luftfeuchtigkeit
- nicht einfach durchzuführen
- keine weiteren Hinweise auf den Zustand des Bienenvolkes
- man weiß nie, wie „repräsentativ" die Probe ist

Wann sollten welche Bekämpfungsmaßnahmen getroffen werden?
Auf geringen Varroabefall sollte man nicht mit den stärksten Methoden oder Medikamenten reagieren – besonders dann nicht, wenn in den Folgemonaten mit einer steigenden Varroapopulation und der Verbreitung von Varroamilben durch Räuberei und Verflug von Bienen zu rechnen ist. Das wäre das sprichwörtliche „mit Kanonen auf Spatzen schießen", welches das Bienenvolk in seiner Entwicklung stark hemmen würde (u. a. durch Nebenwirkungen bzw. Abbremsen der Volksentwicklung).
Das Ziel sollte sein, unterhalb der „Schadschwelle" zu bleiben – eine nicht sichtbare Grenze an Varroamilben, die ein Bienenvolk problemlos verkraften kann. Oberhalb der „Schadschwelle" nimmt das Bienenvolk Schaden, es wird in seiner Entwicklung gebremst und droht später gar abzusterben.
Es bringt auch nichts, zu versuchen, die Milbenpopulation während der Brut- und Flugsaison auf Null zu bringen: Durch Räuberei und Verflug der Bienen werden in dieser Zeit immer wieder schnell und in größeren Mengen Milben verbreitet. Dagegen kann das Ziel „Null Milben" in der brut- und flugfreien Winterzeit (fast) erreicht werden. Die Entstehung gesunder Winterbienen im (Spät-)Sommer ist ein MUSS!

1. Abfegen der Bienen auf Folie

2. Befüllen des Probebechers (wiegen)

3. Umfüllen in Spezialbehälter

4. Zugabe von Puderzucker

5. Aufsetzen des Gazedeckels

6. Abschütteln in das Sieb

7. Milben bleiben im Sieb

8. Zurückschütten der Bienen

☞ MILBENFALL UND MASSNAHMEN

ZEITRAUM (*)	NATÜRLICHER MILBENFALL GEMÜLLDIAGNOSE	BEKÄMPFUNGSMASSNAHMEN (**) (detailliert ab S. 31 beschrieben)	PUDER-ZUCKER-METHODE
April/Mai/Juni	< 5 Milben/Tag	Regelmäßige Gemüll-Kontrollen alle 2–3 Wochen. Biotechnische Maßnahmen sinnvoll: #01 Drohnen schneiden #02 Brutableger bilden	keine Daten
Aufsteigende Frühjahrs-entwicklung	5–10 Milben/Tag	Biotechnische Maßnahmen unbedingt durchführen: #01 Drohnen schneiden #02 Brutableger bilden #04 Brutpause durch Entweiselung #05 Brutpause mit gekäfigter Königin #13 Hyperthermie Behandlung	keine Daten
	> 10 Milben/Tag	Sofort eine der drei Möglichkeiten durchführen: #12 Notbehandlung Ernte später möglich: verdeckelte Brut entnehmen (einschmelzen) und (Drohnen-)Fangwabe geben. #12 Notbehandlung Verzicht auf Ernte: verdeckelte Brut entnehmen (einschmelzen) und „weiche" Chemie (Oxalsäure) anwenden. #03.1 Langzeitbehandlung mit Ameisensäure	keine Daten
Anfang/ Mitte Juli Beginn der Sommerpflege nach letzter Ernte	< 5 Milben/Tag	Weiteres Beobachten (alle 2 Wochen) oder frühe Maßnahmen möglich: #05 Brutpause mit gekäfigter Königin (+) #06 Brutpause und Fangwabe #07 Bannwabe (+) #08 Teilen und Behandeln #09 Totale Brutentnahme (+)	< 1 %
	5–10 Milben/Tag	Biotechnische Maßnahmen mit „weicher" Chemie jetzt einleiten: #05 Brutpause mit gekäfigter Königin (+) #07 Bannwabe (+) #08 Teilen und Behandeln #09 Totale Brutentnahme (+) #11 Hyperthermie Behandlung (++) *Alternativ:* ausschließlich „weiche" Chemie #03.1 Langzeitbehandlung mit Ameisensäure #03.2 Langzeitbehandlung mit Thymol	1–5 %
	> 10 Milben/Tag	#13 Notbehandlung Verdeckelte Brut entnehmen (einschmelzen) und „weiche" Chemie anwenden (Ameisensäure oder Oxalsäure) *Alternativ:* #03.1 Langzeitbehandlung mit Ameisensäure	5 %

ZEITRAUM (*)	NATÜRLICHER MILBENFALL GEMÜLLDIAGNOSE	BEKÄMPFUNGSMASSNAHMEN (**) (detailliert ab S. 31 beschrieben)	PUDER-ZUCKER-METHODE
September	< 5 Milben/Tag	Regelmäßige Kontrollen alle 2 Wochen	< 2 %
	5–10 Milben/Tag	#13 Notbehandlung Verdeckelte Brut entnehmen (einschmelzen) und „weiche" Chemie anwenden (Ameisensäure oder Oxalsäure). *Alternativ:* #03.1 Langzeitbehandlung mit Ameisensäure	2–5 %
Ende der Sommerpflege	> 10 Milben/Tag	#13 Notbehandlung Verdeckelte Brut entnehmen (einschmelzen) und „weiche" Chemie anwenden (Ameisensäure oder Oxalsäure). *Alternativ:* #03.1 Langzeitbehandlung mit Ameisensäure	5 %
November/ Dezember	< 0,5 Milben/Tag	Keine Restentmilbung nötig	keine Daten
brutfreie Winterphase	> 0,5 Milben/Tag	Restentmilbung (****) #12 Winterbehandlung mit Oxalsäure (Träufeln, Sprühen oder Verdampfung (***)) oder Milchsäure (Sprühen)	keine Daten

grün = momentan keine Gefahr, weiter regelmäßig beobachten
gelb = erhöhter Varroabefall (Befallsdruck) - zügig Gegenmaßnahmen ergreifen
rot = akute Gefahr des Zusammenbruchs, Notbehandlung durchführen

Legende

* Entscheidend ist die „IST-Situation" im Bienenvolk

** Wählen Sie die Methode, die Ihren Kenntnissen und Erfahrungen entspricht; beim erstmaligen Ausprobieren holen Sie sich am besten Hilfe.

*** Nur wenn diese Anwendungsart bereits zugelassen ist.

**** In Gebieten mit hoher Bienendichte unbedingt erforderlich!

(+) Die biotechnische Maßnahme kann auch vor der letzten Honigernte erfolgen.

(++) Möglichst in Kombination mit anderen Bekämpfungsmaßnahmen.

Hinweis

Dieses Buch orientiert sich an den Grenzwerten und Empfehlungen der Informationsbroschüre „Schadschwellen-orientierte Maßnahmen" der Bayerische Landesanstalt für Weinbau und Gartenbau (LWG) www.lwg.bayern.de/varroa (2020) – Änderungen des Autors gegenüber dem Original sind nicht gekennzeichnet.

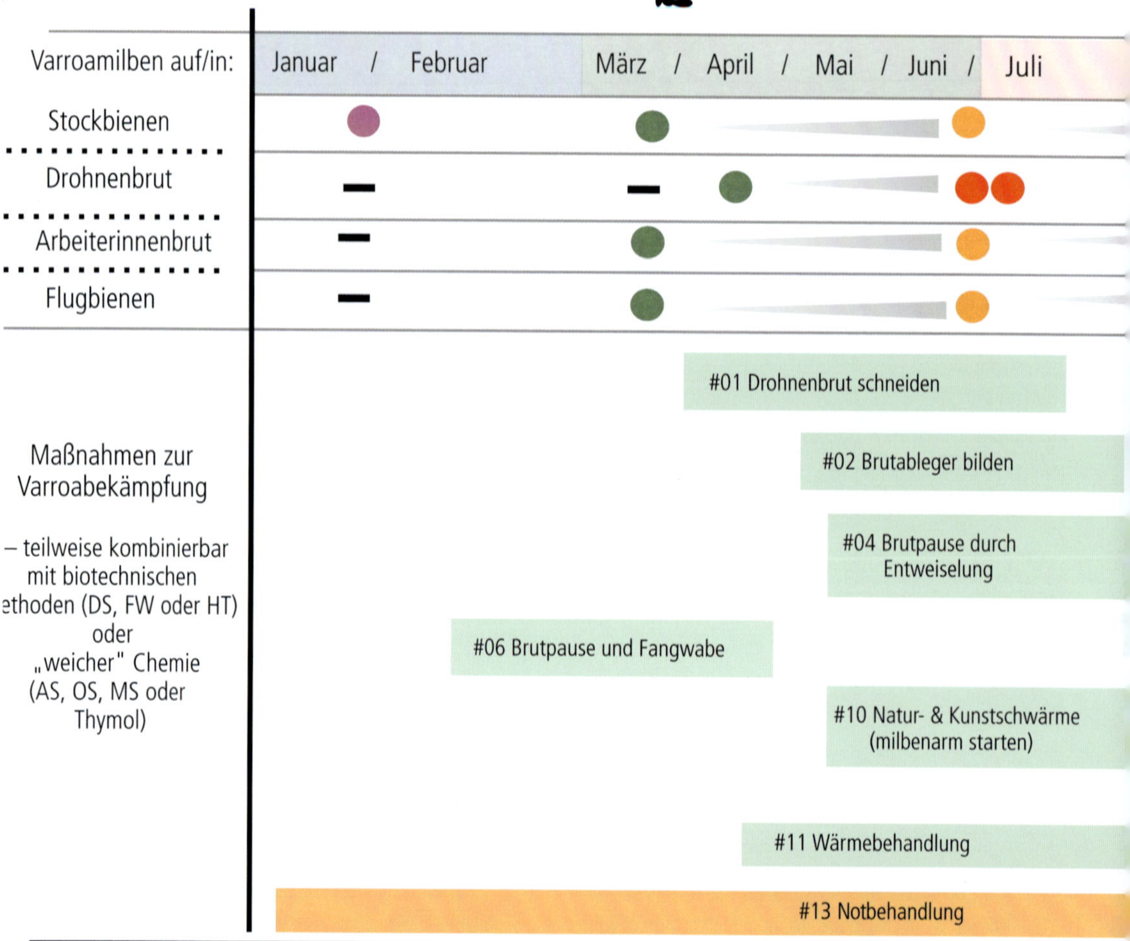

Legende

- alle Varroamilben auf der Wintertraube
- viele Varroamilben
- sehr viele Varroamilben
- mittelstarker Varroamilben-Befall
- keine oder wenige Varroamilben
- nicht vorhanden

(*) Start der Maßnahme bereits vor der letzten Ernte möglich

Zunahme der Anzahl Varroamilben von wenig, mittel bis viele

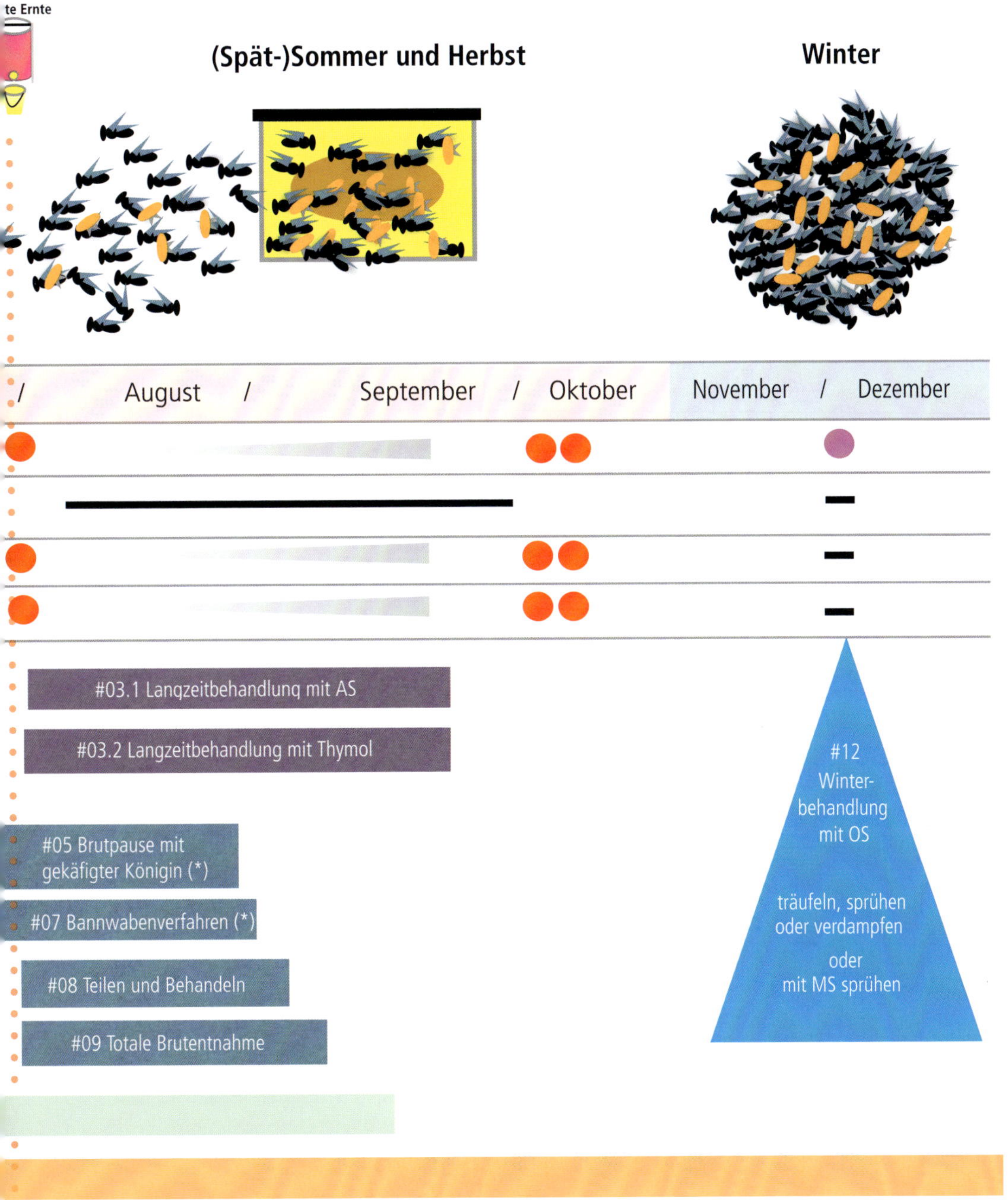

Anwendung von:
AS – Ameisensäure
OS – Oxalsäure
MS – Milchsäure

Biotechnische Methoden:
DS – Drohnenbrut schneiden
FW – Fangwabe
HT – Hyperthermie

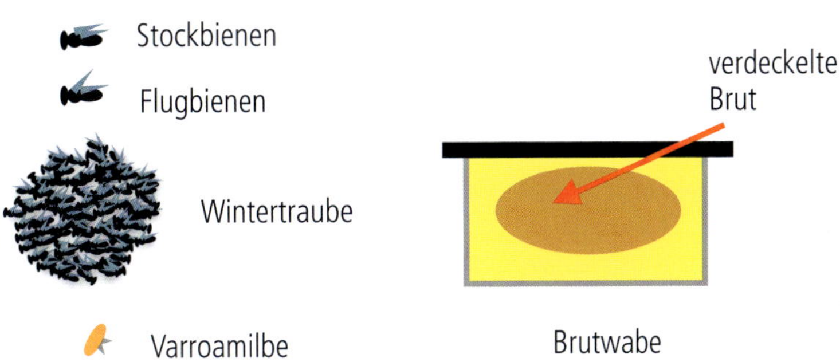

„AUTOPSIE" AM TOTEN BIENENVOLK

Ein totes Bienenvolk ist immer ein Rätsel, das gelöst werden muss, um Wiederholungen zu vermeiden. Da jeder Einzelfall anders liegt, ist eine genaue Untersuchung notwendig. Fachleute wie Gesundheitsobleute, Bienenberater, Bienenzuchtberater oder Bienenseuchensachverständige des Imkervereins können hierbei eine hilfreiche Unterstützung sein.

Die nachfolgenden Ausführungen können aber auch das Ursachenfinden durch Imker erleichtern. Mit den Ergebnissen können weitere Experten herangezogen werden.

DOKUMENTATION

Dokumentieren Sie mit Fotos die Situation, das Volk und seine Überreste. Die Fotos können anschließend hilfreich sein, ebenso die Stockkarten (Aufzeichnungen über Maßnahmen und Beobachtungen am Bienenvolk) sowie das Bestandsbuch (Einsatz von Varroamedikamenten).

Ist das Volk verhungert?

- Beute beim Ankippen/Anheben sehr leicht
- keine Futterkränze oder gefüllte Futterwaben
- das Volk wurde sehr stark abgeerntet
- trachtlose oder fluglose Periode (ungünstige Witterung)
- Volk wurde ausgeräubert (geschrotete Waben, Wachsreste)
- Volk ist erst abgestorben und wurde hinterher ausgeräubert
- Barriere am Sitz der Wintertraube verhinderte Zugang zum Futter (z. B. Mittelwand, Leer- oder Pollenwabe)
- besonders langer Winter
- Futtermenge war zu gering
- ungeeignetes Winterfutter (z. B. Zementhonig, Honigtauhonig, gegorener Honig)

Ist Durchfall die Ursache oder „nur" ein Trittbrettfahrer?

Die Unterscheidung, ob Durchfall die Ursache oder eine Sekundärinfektion ist, ist im Nachhinein sehr schwierig. Möglicherweise helfen folgende Aspekte:

- Störungen durch schlagende Äste, Mäuse in der Beute
- Überwinterung auf ungeeignetem Winterfutter

War das Volk weisellos?

- Hinweise auf Weisellosigkeit (Nachschaffungszellen) in dieser „ungünstigen" Zeit (Herbst/Winter)?
- im Spätsommer: lange Brutpause („versiegelter" Pollen)
- Könginnenverlust nach Völkerkontrolle
- Volk leer geschwärmt bzw. Verlust der jungen Königin (Begattungsflug)

War das Volk drohnenbrütig?

- Spätsommer/Herbst: Weiselnäpfchen oder -zellen
- nach Mitte Juli gab es noch (viel) Drohnenbrut
- Königin schon alt (über 3 Jahre alt, nicht mehr genügend Sperma)
- Königin wurde in einer Schlechtwetterperiode begattet (ungenügende Spermamenge)
- Hinweise für „Buckelbrütigkeit" (Arbeiterinnen haben Eier gelegt, die [ausschließliche] Drohnenbrut ist „buckelig")

Haben Varroamilben und Viren das Bienenvolk getötet?

- viele Milben auf toten Bienen (auch auf der Körperunterseite!), auf dem Beutenboden oder der Gemüllwindel
- stehengebliebene, verdeckelte Brutzellen (Varroamilben?)
- Bienen verkrüppelt: verkürzter Hinterleib („Miniaturbiene"), verkrüppelte Flügel
- völlig schwarze Bienen (Haarverlust lässt sie schwarz aussehen)

Wintertotenfall mit extrem vielen Varroamilben.

Sackbrutmumien liegen vertrocknet in den Brutzellen.

- „verhaltensauffällige Bienen" (letzte „lebende" Kontrolle): zitternde oder ziellos umherlaufende Bienen („Krabbler")
- Kämpfe am Flugloch mit „verhaltensauffälligen Bienen"
- viel Totenfall unter dem Flugloch auf dem Boden
- letzte „lebende" Kontrolle: Missverhältnis zwischen (großer) Brutfläche und (zu wenigen) Bienen auf den Brutflächen und die Volksentwicklung stagnierte

Varroabehandlung – Fragen an den Imker:

- Varroabehandlung wann und wie durchgeführt?
- Dokumentation des natürlichen Milbenfalls (Fallzahlen > 10 Milben pro Tag?)
- Hinweise auf Behandlungsfehler (Vergleich mit den Checklisten für AS, OS, MS und Thymol, siehe S. 140, 146, 151)

Hinweise auf andere Bienenkrankheiten?

Brutkrankheiten verhindern die Entwicklung ausreichend vieler und langlebiger Bienen, Untersuchung auf Symptome von: Kalkbrut (Mumien), Sackbrut, Amerikanische Faulbrut AFB (Futterkranzprobe), Europäische Faulbrut EFB und Wabenschädlingen (Wachsmotten-Fraßgänge, Röhrchenbrut und Wachsmottenpuppen sowie Kleiner Beutenkäfer [bisher noch nicht in Europa etabliert]).

Hinweise auf Frevel?

- verstopfte Fluglöcher oder Einsatz von bienenschädlicher Chemie (Farben, Lacke, Insektizide oder Bauschaum)
- Verpackungen dieser Chemie im Umfeld des Bienenstandes

Hinweise auf Pflanzenschutzmittelvergiftung?

- intensiver Pflanzenanbau im Flugradius
- Sprühaktivitäten in der Jahreszeit
- Anfragen oder Einbeziehung des Pflanzenschutzdienstes, siehe auch Julius-Kühn-Institut (JKI) im Internet unter bienenuntersuchung.julius-kuehn.de.

Ein guter Kontakt zwischen Landwirten u. ä. mit „uns Imkern" bietet die Möglichkeit, Verständnis füreinander und für die Vermeidung von Spritzschäden zu fördern oder das rechtzeitige Verstellen der Bienen zu ermöglichen.

VARROA- UND VIRENBEKÄMPFUNG

— *Strategien und Methoden*

DIE „RICHTIGE" BEKÄMPFUNGSSTRATEGIE

Als die Varroamilbe Ende der 1970er Jahre Deutschland erreichte, hatte man recht schnell „harte" Chemie (Arzneimittel aus dem Tierbereich) als Antwort gegen diesen Parasiten gefunden: Die Milben wurden damit in der brutlosen Winterzeit behandelt. Dies war nur recht kurz ein tragfähiges Konzept, denn die alleinige Entmilbung im Winter hält nicht für ein ganzes Jahr vor: Bereits im Frühjahr und (Früh-)Sommer steigt die Milbenpopulation so stark an, dass keine vitalen Winterbienen im (Spät-)Sommer entstehen können. Deshalb ist ein mehrstufiges Bekämpfungskonzept erforderlich, damit im Frühjahr und (Spät-)Sommer die Milbenpopulation unterhalb der Schadschwelle gehalten werden kann. Eine effektive Restentmilbung in der brutlosen Winterzeit bleibt in dicht mit Bienenvölkern besiedelten Gebieten unerlässlich, wenn auch seitens der Varroatoleranzzucht gerade hier ein Verzicht auf die Winterbehandlung gefordert wird. Wer verstanden hat, dass eine einmalige Bekämpfung im Jahr nicht ausreicht, der wird hoffentlich nicht (weiter) auf ein Wundermittel warten, das mit einmaliger Gabe das Varroaproblem löst: Ständig werden durch Verflug und Räuberei neue Varroamilben – aber auch Bienenviren – zwischen den Bienenvölkern ausgetauscht!

GEGEN EINE „HARTE" CHEMIE

Über die letzten 20 Jahre sind wirksame Varroa-Bekämpfungskonzepte erarbeitet und an die (regionale) Imkerpraxis angepasst worden. Wer heute einen Imker-Grundkurs absolviert, dem sind Begriffe wie Drohnenbrut-Schneiden, Brutableger bilden genauso wenig fremd wie Ameisensäure-Anwendung zur (Spät-)Sommerbehandlung in Kombination mit der Wintereinfütterung und Restentmilbung im Winter. In Ländern mit „zuverlässig" warmen Sommern wird häufig anstelle der Ameisensäure eine Thymolbehandlung durchgeführt (siehe Grafik S. 26). Die „harte" Chemie wird dagegen eher von einer kleinen Minderheit der Imker angewendet. Die Mehrheit sieht neben den hohen Kosten auch die ernstzunehmenden Gründe, die gegen die „harte" Chemie sprechen: Die Gefahr der Rückstandsbildung, der möglichen Resistenzbildung gegen die Wirkstoffe und ein kritischer Umgang mit hochkomplexen Wirkstoffen im Bienenvolk. Dies spricht gegen die Verwendung in Bienenvölkern, die bekanntlich zur Produktion des Naturprodukts Honig genutzt werden!

Seit einigen Jahren wird für eine Änderung dieser Konzepte geworben, damit es den Bienen gesundheitlich (noch) besser geht. Das Auftreten von Bienenviren, die teilweise mit der Varroamilbe „zusammenhängen", erfordert zusätzliche Maßnahmen im Rahmen eines ganzjährigen Varroabekämpfungskonzeptes. Weitere Faktoren wie Witterungseinflüsse oder auch Nebenwirkungen der „weichen" Chemie sollen den Behandlungserfolg und das Ziel vitaler Bienenvölker ebenfalls nicht gefährden. Daher sollte ein optimales Bekämpfungskonzept möglichst auf „Dauerbehandlungen" mit Medikamenten verzichten und noch weitere Behandlungsaspekte enthalten, die auch im natürlichen Leben der Bienen (ohne Einwirkung von Menschen) über Jahrmillionen eine wichtige Rolle gespielt haben.

☞ SPEZIAL: VOM SCHWARM GELERNT

Eine grundlegend andere Entwicklung stellt sich ein, wenn Völker zum Schwärmen kommen und damit eine natürliche Brutpause durchlaufen. Vom Vorbereiten des Schwarmabgangs bis zum Start der Eiablage einer jungen Königin vergehen etwa 25 – 30 Tage. In dieser Zeit ist nicht nur die Vermehrung der Milben und Viren unterbrochen, sondern viele der Parasiten gehen, anders als in der ruhigen Wintertraube, durch die Flug- und Putzaktivität der Bienen in dieser Zeit zugrunde. Die im Volk verbleibenden Milben müssen nach neuem Brutbeginn erst wieder zur vollen Vermehrungsleistung zurückfinden. Dadurch reduziert sich insgesamt der relative Brutbefall, während er zur gleichen Zeit bei kontinuierlich brütenden Völkern rasant anwächst. Allerdings führt das natürliche Schwärmen zumeist zu einer erheblichen Ertragseinbuße und außerdem oftmals zu Unmut in der Nachbarschaft.
Die Nutzung des Schwarmtriebs, wie dies etwa in der traditionellen Korbimkerei in der Heide erfolgt ist, führt daher zwar zu gesünderen Völkern, ist aber im Allgemeinen nicht zu empfehlen. Viel sinnvoller ist es hingegen, durch gezielte Eingriffe für eine künstliche Brutpause zu sorgen, die die Grundlage einer gesunden Winterbienenaufzucht schafft und die Abhängigkeit von Medikamenten reduziert, ohne dabei Einbußen im Honigertrag oder Ärger mit den Nachbarn in Kauf nehmen zu müssen.

PARASITIERT AUFGEZOGENE BIENEN SIND WERTLOS!

Welchen Schaden Varroamilben dem Volk zuführen und ob es gar zu Völkerverlusten kommt, entscheidet sich anhand des relativen Brutbefalls. Der Grund hierfür liegt in der fatalen Auswirkung einer Parasitierung heranwachsender Bienen. Diese schlüpfen geschwächt, auch wenn ihnen dies rein äußerlich nicht anzusehen ist, haben unterentwickelte Futtersaft- und Wachsdrüsen, sind kurzlebig, können sich oftmals nur schlecht orientieren und tragen nur wenig Nektar und Pollen ein. Als Schlussfolgerung aller umfangreichen physiologischen und verhaltensbiologischen Untersuchungen kann man festhalten, dass eine parasitiert aufgezogene Biene für ihr Volk wertlos und ohne Frage als langlebige Winterbiene völlig ungeeignet ist!
Es ist dem natürlichen Kompensationsvermögen der Bienenvölker zu verdanken, dass diese sich trotz eines gewissen Milbenbefalls über weite Phasen gut entwickeln und große Honigernten zustande bringen können. Die gesund aufgewachsenen Bienen verfügen über Reserven, mit denen sie die Brutaufzucht in dem Maße steigern, in dem Stockgenossen durch Krankheiten, Parasiten, extreme Wetterereignisse oder ähnliche Störungen vorzeitig verloren gehen. Als Imker nutzen wir diesen Effekt z. B. beim moderaten Schröpfen zur Ablegerbildung, ohne dass es zu Ertragseinbußen kommt.

NATÜRLICHE BELASTUNGSGRENZEN BEACHTEN!

Nun wachsen allerdings auch bei den Bienen, bildlich gesprochen, „die Bäume nicht in den Himmel“. Während ein Brutausfall von unter 5 % ohne messbare Auswirkung auf die Volksentwicklung bleibt und Werte unter 10 % in aller Regel nicht zu Völkerverlusten führen, schlagen die Verhältnisse bei höheren Brutausfällen scheinbar plötzlich und unumkehrbar um. Die Folge sind das plötzliche Sichtbarwerden verkrüppelter Bienen, vernachlässigter Brutnester und das Zusammenbrechen von Völkern innerhalb weniger Wochen.
Während die Bienen in der ersten Jahreshälfte ihr Brutnest schneller ausdehnen als die Milbenzahl wachsen kann, kommt es in dieser Phase kaum zu einem Anstieg des relativen Brutbefalls und damit praktisch nie

Das Schwärmen hat einen großen Einfluss auf die Varroapopulation.

zu merklichen Varroaschäden. Ab Juni aber wendet sich das Blatt und der rückläufige Brutumfang, in Verbindung mit einem exponentiellen Milbenwachstum, führt zu einem extrem steilen Anstieg des relativen Brutbefalls. Dies führt dazu, dass viele Völker trotz effektiver Winterbehandlung schon im Juli die kritische 10 %-Marke erreichen. Dann entscheiden manchmal wenige Wochen, etwa aufgrund eines frühen Saisonstarts (variiert von Standort zu Standort und von Jahr zu Jahr!) oder einer verzögerten Sommerbehandlung über eine massive Schädigung der Völker, die sich dann zumeist in erhöhten Verlusten im nachfolgenden Winter offenbart.

Quelle: Infobrief Bienen@Imkerei 15/2022 Information verschiedener Bieneninstitute, 10. Juni 2022
Autoren: Dr. Ralph Büchler, ehemaliger Leiter des Bieneninstituts Kirchhain, und Lena Frank (lena.frank@llh.hessen.de)

HISTORIE DER VARROA-BEKÄMPFUNGSKONZEPTE

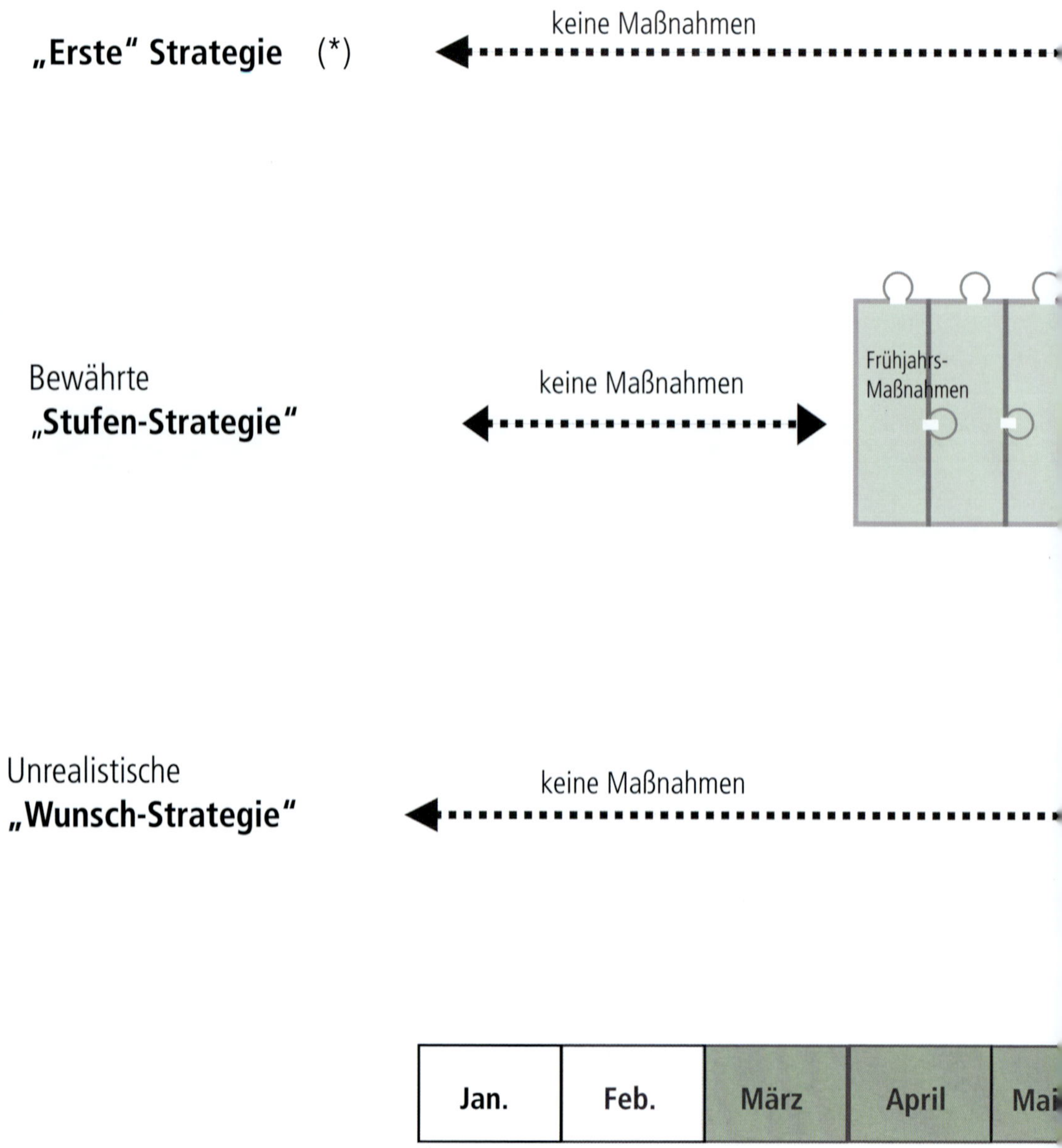

(*) bei der Einschleppung der Varroamilbe nach Europa ca. in den 1980er Jahren
– längst nicht mehr ausreichend –

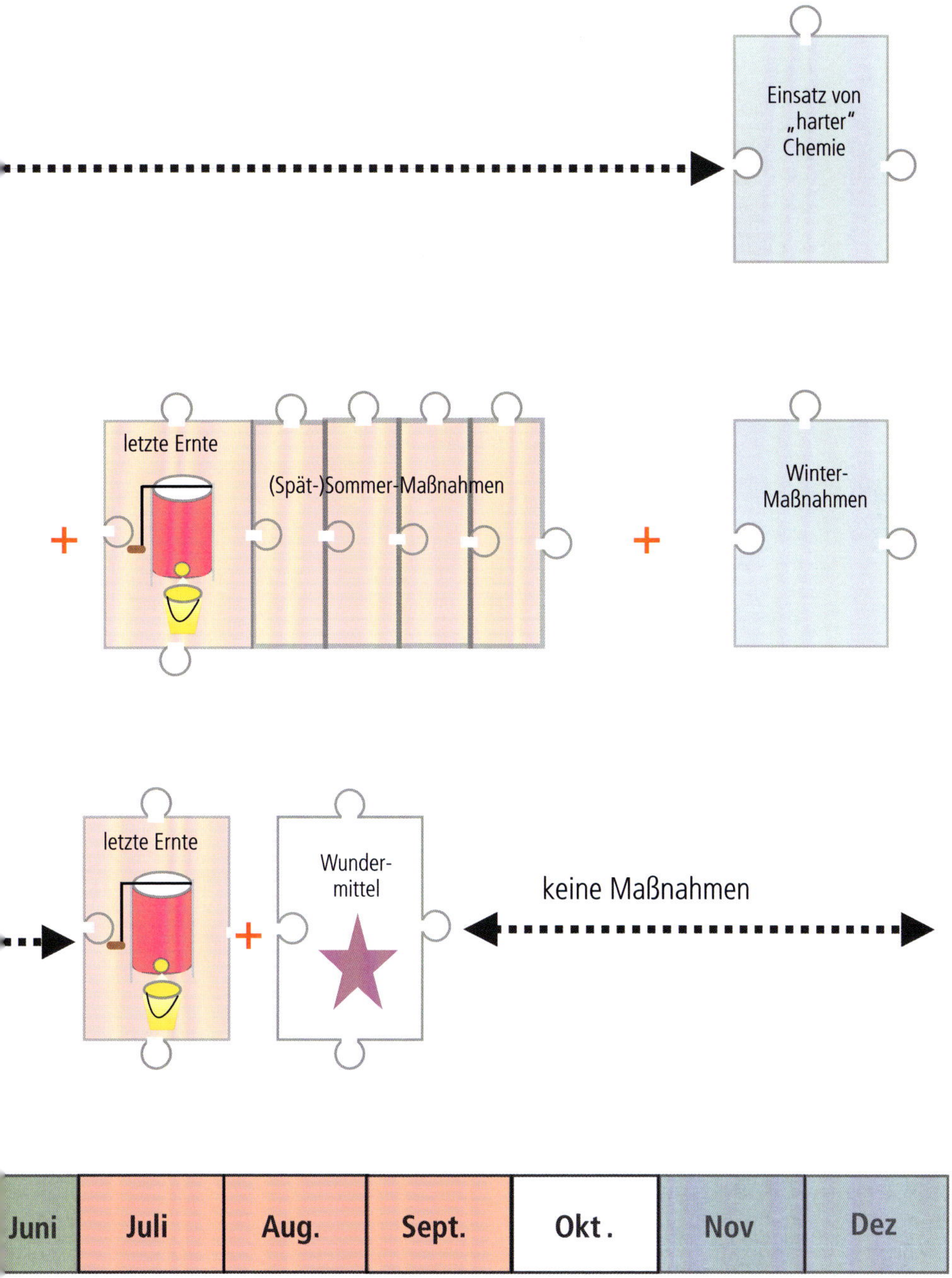
Einsatz von „harter" Chemie
letzte Ernte
(Spät-)Sommer-Maßnahmen
Winter-Maßnahmen
letzte Ernte
Wunder-mittel
keine Maßnahmen
Juni
Juli
Aug.
Sept.
Okt.
Nov
Dez

Eine gute Imkerausbildung umfasst auch das Erkennen von Krankheiten im Volk.

KÜNSTLICHE BRUTPAUSE NUTZEN

Sie werden staunen, wofür eine Brutpause genutzt werden kann und feststellen, dass sich so viele Wünsche erfüllen lassen, die zu einer guten Betriebsweise dazugehören.

VARROABEKÄMPFUNG CHEMIEFREI

Gibt man in ein brutfreies Bienenvolk eine offene Arbeiterinnen- oder Drohnenbrutwabe mit Rundmaden, die kurz vor der Verdeckelung stehen, dann „stürzen" sich viele Varroamilben in diese Brutzellen – nach der Verdeckelung der Brut kann man die Wabe abfegen und einschmelzen. So einfach funktioniert eine Fangwabe. Genauso funktioniert das Bannwabenverfahren. Bei der totalen Brutentnahme wirken alle verdeckelten Brutwaben wie eine Fangwabe.
Hinweis: Verdeckelte Brutwaben in noch nicht brutfreien Völkern lassen sich dagegen mit einer Wärmebehandlung (Hyperthermie) von Varroamilben „befreien".

VARROABEKÄMPFUNG „BIENENFREUNDLICH"

In einem brutlosen Volk lassen sich die Varroamilben ohne Ameisensäure-Langzeitbehandlung mit anderen, „bienenfreundlicheren" Präparaten behandeln. Hierdurch wird das Bienenvolk kaum in seiner Entwicklung gehemmt und kann gesunde Winterbienen aufziehen. Besonders empfehlenswert sind Oxal- und Milchsäure, die z. B. auf die Bienen gesprüht werden. Außerdem ist mit Oxalsäure die Träufelbehandlungen oder auch die Verdampfung möglich, sofern letztere in Ihrem Land zugelassen ist. Details siehe S. 142.
Diese Präparate haben geringere Nebenwirkungen auf das Bienenvolk als eine oder mehrere Ameisensäure-Langzeitbehandlungen. Außerdem sind diese Präparate weder an eine bestimmte optimale Temperatur oder auch Witterung gebunden, wie dies bei Ameisensäure der Fall ist.
Hinweis: Die Ameisensäure hat jedoch den Vorteil, dass sie die Milben auch in den verdeckelten Brutzellen erreicht und bekämpft!

UNTERBRECHUNG DER BIENEN-GENERATIONEN

Wie auch beim Schwärmen kann eine künstliche Brutunterbrechung die Verbreitung von Krankheitserregern zwischen den Bienengenerationen unterbrechen. Mit Glück gilt dies auch für Bienenviren – hierüber ist bisher wenig bekannt. Stark mit Viren infizierte Völker können gerade durch eine solche Maßnahme zusammenbrechen, sozusagen als Beschleunigung. Weniger stark infizierte Völker können hierüber möglicherweise durch die Unterbrechung der Infektionswege gerettet werden! Wichtig hierfür sind ebenfalls die im Folgenden aufgeführten Maßnahmen.

Wabenerneuerung

Insbesondere bebrütete Waben können nach Schlupf der Brut problemlos aus dem Volk entnommen und durch Mittelwände oder ausgeschleuderte und ausgeleckte („trockene") Honigwaben ersetzt werden. Die alten Waben tragen auf ihren Oberflächen teilweise viele Krankheitserreger (Bakterien, Viren und Pilze) – ihre Entnahme und das Einschmelzen reduzieren den Infektionsdruck erheblich. So schützt man die Waben auch vor Wabenschädlingen wie den Wachsmotten. Mittelwände werden bei entsprechender Massentracht oder (Flüssig-)Fütterung schnell ausgebaut.

Königinerneuerung oder -tausch

Die Königin ist für eine gute Volksentwicklung von erheblicher Bedeutung – eine Brutpause bietet die Möglichkeit zum Nachziehen einer neuen Königin (mit ähnlichen Genen). Man kann auch zur Vermeidung der Übertragung von Krankheiten (Viren) über die alte Königin diese entnehmen und durch eine junge und begattete Königin (gekäfigt) ersetzen. Außerdem wird mit einer jungen Königin das Risiko des „altersbedingten" Königinnenverlustes im Winter reduziert.

Ableger (Jungvölker) sind auch Reservevölker

Für den Fall von Völkerverlusten sind Reservevölker sehr nützlich, um im nächsten Jahr weiter die Bestäubung und die Honigproduktion sichern zu können! Außerdem können sie selbstverständlich gezielt zur Vergrößerung der Imkerei genutzt werden.

Ausreichende Volksgröße für die Überwinterung

Je größer ein Bienenvolk eingewintert wird, desto wahrscheinlicher ist es, dass das Bienenvolk den Winter überlebt. Es ist sehr schön, wenn man in Einzelfällen auch sehr kleine Bienenvölker über den Winter bringt, doch dies kann schnell schiefgehen. Darum ist die Förderung des Brutverhaltens im Spätsommer sehr wichtig. **Zu kleine Völker, die weniger als 5 volle Wabengassen im Oktober besetzen, sollte man zu diesem Zeitpunkt vereinigen!** Selbstverständlich kommt es bei dieser Formel besonders auf das Wabenformat an! Zudem zieht sich die Bienentraube mit abnehmenden Temperaturen immer mehr zusammen.

Ableger (Jungvölker) können Völkerverluste ausgleichen.

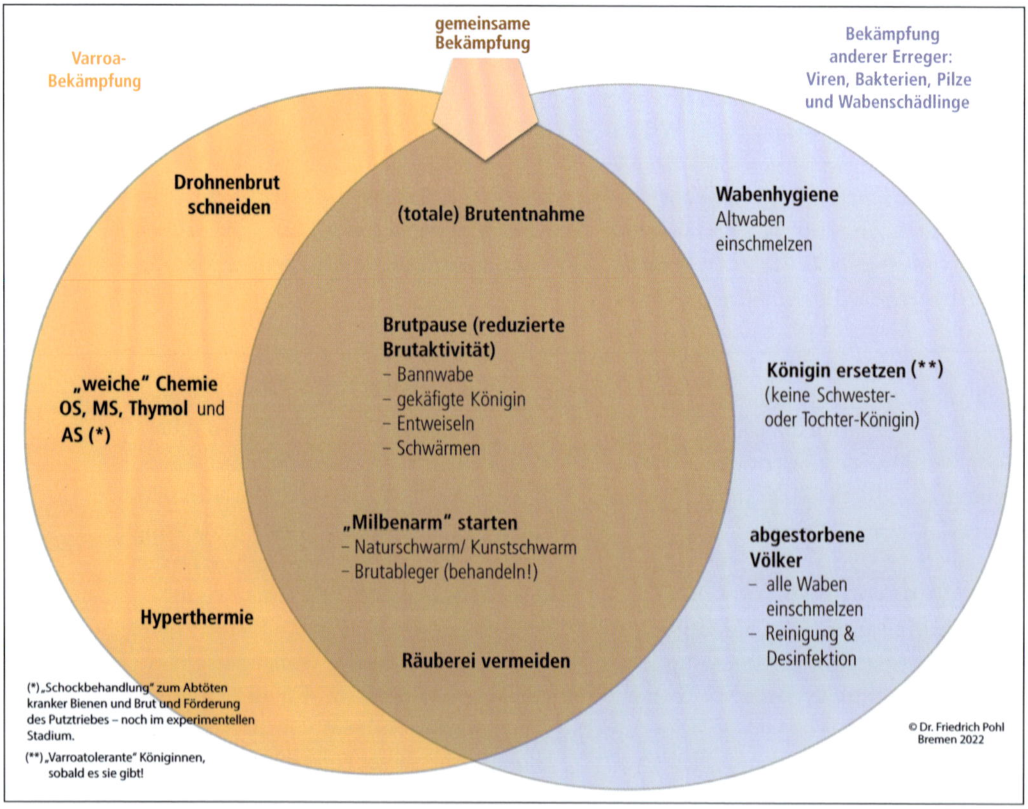

Schnittmengen der Varroabekämpfung und anderer Erreger

Winterfutter rechtzeitig im Spätsommer eintragen

Die Einfütterung für die Winterzeit ist ebenfalls eine wichtige Arbeit, die sich mit der Wabenerneuerung (Ausbau von Mittelwänden) und dem Anregen der Brutaktivität für die Produktion von Winterbienen kombinieren läßt.

UNGEEIGNETE METHODEN ZUR VARROABEKÄMPFUNG

Es gibt eine kaum überschaubare Fülle derartiger Methoden, die Wissenschaftler ausreichend geprüft und für ungeeignet befunden haben. Hier eine kleine Auswahl: Bücherskorpion als „Varroafresser", kleinere Brutzellen, kürzere Zellverdecklungszeit der Bienenbrut, runde und drehbare Waben, Lockstoffe für die Milbe (funktionieren nur im Labor, nicht im duftenden Bienenvolk) und Ultraschall. Auch wurden zahlreiche chemische Stoffe propagiert, manche mit erheblicher Gefahr auf Rückstände im Bienenvolk – prüfen Sie daher jährlich die Liste der zugelassenen Medikamente (Details siehe S. 134)!

HOFFNUNGSPROJEKT „VARROATOLERANZZUCHT"

Viele Forscher und Imker arbeiten an dem Ziel einer „varroatoleranten" Biene, so auch der gemeinnützige Verein „Arbeitsgruppe Toleranzzucht (AGT)", in dem Imker, Züchter und Bieneninstitute zur Auslese krankheitsresistenter, leistungsfähiger und sanftmütiger Bienen zusammenarbeiten. Hier werden nach wissenschaftlichen Kriterien Bienenvölker selektiert, die aktiv gegen die

Varroamilbe vorgehen. Daher stehen der Austausch von Zuchtmaterial, die Unterstützung der Besamung und die Beschickung von Belegstellen genauso wie Züchtertreffen und Seminare im Fokus der Vereinsarbeit. Imker mit Interesse an der Zucht sind willkommen. Mehr erfahren Sie unter: www.toleranzzucht.de und in Bieneninstituten und den lokalen Imkervereinen. Mit Glück kann in der Zukunft die Anzahl an Varroa-Bekämpfungsmaßnahmen im Bienenjahr reduziert werden, sobald „varroatolerante" Bienen zur Verfügung stehen. Ein völliger Verzicht auf „weiche Chemie" oder biotechnische Bekämpfungsverfahren ist jedoch bisher nur Wunschdenken! Den Stand der Ergebnisse dieser Zuchtprogramme erfahren Sie in ernstzunehmenden Medien wie Imkerzeitschriften und Berichten der Bieneninstitute.

ALLE ZUR GLEICHEN ZEIT!

Mit diesem Motto sollte die Sommerbehandlung möglichst zu einem abgestimmten Termin beginnen, um die Gefahr von Varroa-Reinfektionen durch Verflug und Räuberei zwischen Bienenvölkern und -ständen zu verringern. Hierbei könnten die lokalen Imkervereine eine große Rolle spielen und durch Aufklärung hierfür werben. Ein staatlicher „Startschuss" über die Veterinärbehörden würde nur dann Sinn machen, wenn Kontrollen und Bußgelder dieses Verfahren begleiten. Je mehr Imker mitmachen, desto besser. In (Groß-)Städten wird dies bei hoher Bienendichte besonders schwer fallen – aber auch einen hohen Erfolg haben! Falls es in Ihrem Imkerverein keinen gemeinsamen Behandlungstermin gibt, können Sie diesen anregen!

BEKÄMPFUNGSVERFAHREN

Die nachfolgend beschriebenen Bekämpfungsverfahren finden Sie in einer Gegenüberstellung auf der hinteren Buchklappe.

Alle Völker eines Standes müssen gegen Varroa behandelt werden.

#01 DROHNENBRUT SCHNEIDEN

Prinzip
– 100 % biotechnisch
Die Varroamilben suchen für ihre Vermehrung 8 – 10 × lieber Drohnenzellen, die kurz vor der Verdeckelung stehen, als Arbeiterinnenzellen mit Rundmaden auf. Nach der Verdeckelung der Drohnenzellen bis kurz vor dem Schlupf der Drohnen wird die Drohnenwabe abgefegt und aus dem Volk genommen. Wird dies im Frühjahr systematisch gemacht, werden dem Volk ¼ der Varroamilben entzogen.

Jahreszeit
Jan. Feb. März(*) **April Mai Juni** Juli Aug. Sept. Okt. Nov. Dez.
(*) Vorbereitung bereits im März möglich

Verringerung der Varroa-Population
Mit jeder Drohnenwabe werden Milben aus dem Volk geholt.

Witterungsabhängigkeit der Methode
nein

Einfluss auf die Schwarmneigung
Leichtes Bremsen der Schwarmneigung durch Entnahme von Eiweiß aus dem Bienenvolk. Das Volk wird neue Drohnenbrut anlegen und hierfür wieder erneut Futtersaft und Eiweiß benötigen; hierin liegt die „bremsende Wirkung".

Wabenerneuerung
Keine Erneuerung von weiteren Brutwaben, aber das aus Drohnenwaben gewonnene Bienenwachs ist besonders rein, da es ohne Mittelwände (Gefahr von Rückständen im Wachs) gewonnen wird. Das Wachs eignet sich besonders für die eigene „saubere" Mittelwandproduktion.

Königinerneuerung
Die Königin wird hierdurch nicht erneuert.

Einfluss auf die Völkerzahl
Nein – bleibt unverändert.

Benötigtes Material
Wenig Material: Nur ein bis zwei leere Rähmchen pro Volk

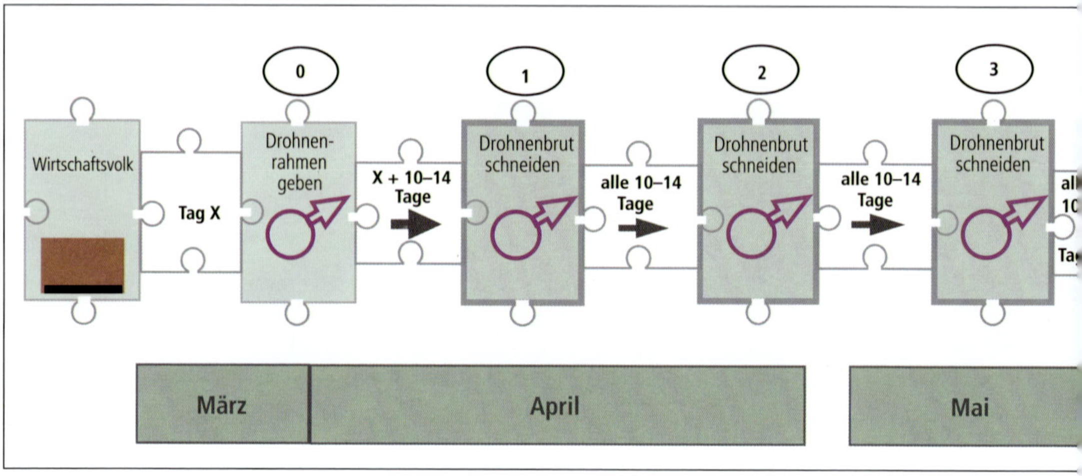

In verschiedenen Beuten möglich?

Einfach umsetzbar in allen Beuten mit beweglichen Waben, schwieriger bei Natur- und Stabilwabenbau: mehr „Wabenverschnitt“ bzw. selten ausschließlich Drohnenbrut auf einer Wabe.

Schwierigkeitsgrad

Sehr einfach durchzuführen.

Zeitbedarf

Das Ausschneiden der Drohnenbrut und das Zurückstellen des/eines leeren Drohnenrähmchens sind schnell gemacht.

Kollidiert die Maßnahme mit der Honigernte?

Nein – kein Einfluss auf die Honigernte (Honigmenge und Rückstände).

Vorteil des Verfahrens

Ohne Chemie im Frühjahr vor der Ernte möglich – besonders bei Völkern, deren vorangegangene Winterbehandlung gar nicht oder weniger wirksam war: Diese Milben werden mit den Drohnenwaben „abgefangen“. Möglich ist auch der Einsatz als Fangwabe in stärker Varroa-belasteten Völkern.

Nachteil des Verfahrens

Gesunde Drohnen werden vernichtet und „fehlen“ in der Drohnenpopulation zur Begattung von Königinnen. So können Drohnen von „ungepflegten“ Völkern ihre Gene besser weitergeben als von „gepflegten“ oder besonders selektierten Völkern, deren Drohnen ausgeschnitten werden. Für Züchter oder Königinnenvermehrer kommt das Verfahren nicht infrage.

Verdeckelte Drohnenbrut enthält Varroamilben.

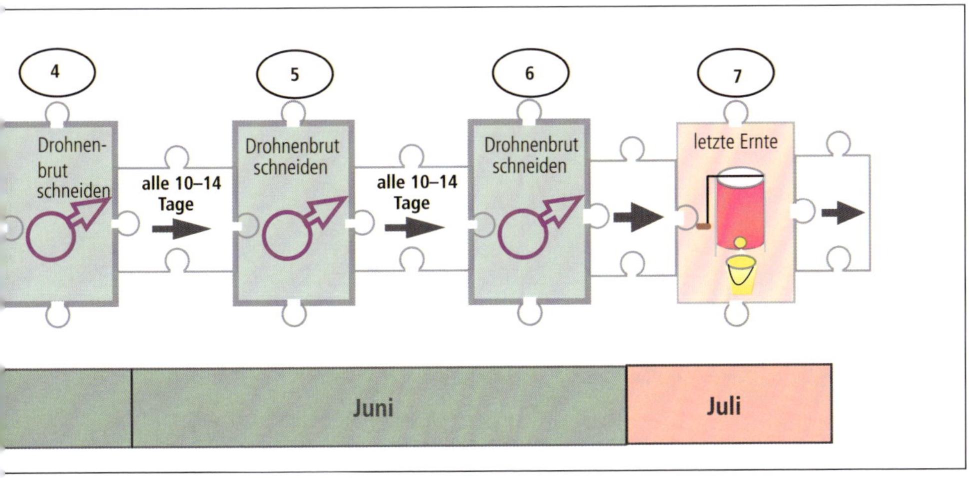

VORBEREITUNGEN

- Der Drohnenrahmen (Baurahmen) ist am besten ein völlig leeres, ungedrahtetes Rähmchen.
- Große Völker benötigen im Laufe des Frühjahrs je nach Wabenmaß zwei Drohnenwaben, z. B. bei zweizargigen Bruträumen in jeder Zarge eine.
- Eine Markierung auf dem Oberträger erleichtert das Auffinden im Volk: z. B. eine Reißzwecke oder eine Farbmarkierung mit dem Königinnenzeichenstift oder Kugelschreiber.
- Man kann das Rähmchen mit einer Holzleiste unterteilen, um nur einen Teil der Drohnenbrut auszuschneiden. Oder: bei großen Brutwaben wie z. B. 1,5 DN-Maß kann man ein 1/1 DN-Maß Rähmchen mit Mittelwand als Arbeiterinnen-Brutwabe verwenden. Der Freiraum unter der Wabe wird im „Freibau“ (Naturwabenbau) mit Drohnenbrut bebaut: diese lässt sich leicht abschneiden.

VORGEHENSWEISE

Den ersten Baurahmen erhalten starke Völker bereits Mitte/Ende März, aber dann noch von einer Futterwabe zum Brutnest getrennt. Sobald sich das Brutnest ausweitet und das Futter aufgebraucht ist, liegt die Drohnenwabe an der richtigen Stelle. Das Ausschneiden erfolgt meist erst im April und hängt auch von dem Bekämpfungsziel ab: Bei hohem Milbenbefall werden alle Baurahmen ausgeschnitten – zur Erhöhung der Effektivität sollte man in großen Völkern mit zwei Baurahmen arbeiten, die jeweils am Rande des Brutnestes stehen.
Bei zweizargigen Bruträumen können diese in den beiden Räumen verteilt werden. Bei geringem Milbenbefall kann man jeden zweiten Baurahmen ausschneiden oder auch mit einem geteilten Baurahmen arbeiten, der nur zu einem Teil ausgeschnitten wird. Die Untersuchung der ausgeschnittenen Drohnenbrut auf Milbenbefall am besten nach Tieffrieren durchführen.

Eine kleinere Brutwabe lässt nach unten Platz für Drohnenbrut.

ARBEITEN SCHRITT FÜR SCHRITT

Die Methode wird nur in normal großen (nicht kleinen) Wirtschaftsvölkern angewendet: kleine Völker benötigen keine Geschlechtstiere und bauen (wenn überhaupt) Arbeiterinnenbrut in die Wabe. Deshalb bekommen diese Völker keinen Drohnenrahmen!

(1) Tag X: Der leere Drohnenrahmen wird je nach Witterungsentwicklung im zeitigen Frühjahr in das Wirtschaftsvolk gegeben: Große Völker sind schnell bereit, die Drohnenwabe auszubauen und zu bebrüten

(2) Der verdeckelte Drohnenrahmen wird rund alle 10–14 Tagen nach dem Abfegen der aufsitzenden Bienen entnommen und durch einen leeren Drohnenrahmen ersetzt. Entscheidend ist, dass die Drohnenbrut überwiegend verdeckelt ist: Hier sitzen die Milben „gefangen". Ist dies noch nicht der Fall, wird die Entnahme der Drohnenwabe auf die nächste Volkskontrolle verschoben.

(3) bis (6) Erneutes Drohnenschneiden nach 10 bis 14 Tagen: Je nach Strategie des Imkers (wenig/viele Milben) wird regelmäßig weiter Drohnenbrut geschnitten, maximal bis zu 6 Mal: Bei stark Varroa-belasteten Völkern (natürlicher Milbenfall liegt bei > 5 Milben pro Tag) unbedingt sehr regelmäßig die Drohnenbrut schneiden. Ab Juli legen die meisten Völker keine oder nur noch wenig Drohnenbrut an – ab August findet man Drohnenbrut nur noch in Völkern mit Problemen: Drohnenbrütige Königin (kein Sperma) oder buckelbrütiges Volk (Arbeiterinnen legen Eier).

„Abernten" der verdeckelten Drohnenbrut.

ARBEITSERLEICHTERUNG

Viele Imker erleichtern sich die Arbeit durch folgend Maßnahmen:

- Der Drohnenrahmen steht immer auf der gleichen Position, z. B. 3. Wabe vom Flugloch oder „von hinten" oder von der linken/rechten Seite.
- Das Ausschneiden der Drohnenwabe kann „klebrig/schmierig" werden: Die komplette Wabe wird aus dem Volk genommen und erst an einem anderen Ort ausgeschnitten. Das neue leere Rähmchen wird an dieselbe Position gesetzt.

Vor der letzen Honigernte (7) darf das Bienenvolk nicht mit Chemie (8) behandelt werden. Es kommen bis zur letzten Ernte noch folgende, ebenfalls biotechnische Verfahren zur Milbenreduzierung in Betracht, um den Anstieg der Milbenpopulation zu bremsen:

→ #02 Brutableger bilden (S. 46)
→ #04 Brutpause durch Entweiselung (S. 64)
→ #05 Brutpause mit gekäfigter Königin (S. 70)
→ #06 Brutpause und Fangwabe (S. 76)
→ #11 Hyperthermie (S. 116).

Nach der letzten Honigernte (7) sind viele Methoden anwendbar, siehe S. 26.

KOSMOS PLUS

DROHNENBRUT SCHNEIDEN

Tabelle zum Download

Nur unter kontrollierten Bedingungen kann man Drohnenbrut an Hühner verfüttern.

WOHIN MIT DER VERDECKELTEN DROHNENBRUT?

Je nach Größe der Imkerei bieten sich verschiedene Lösungen an:

— Lagerung im Gefrierfach bis zum Einschmelzen – dies verhindert das Vergammeln!
— Direktes Einschmelzen im Sonnen- oder Dampfwachsschmelzer
— Verfüttern an Hühner möglichst nur im Stall, ansonsten nur außerhalb des Bienenfluges, Wachsteilchen wieder einsammeln; keinesfalls bei AFB-Verdacht oder in AFB-Verdachts- oder Sperrgebieten!
— Igel-Aufpäppelstationen verwenden gern Drohnenbrut zum Verfüttern – es lohnt sich, dort anzufragen.
— Kleinstimkereien tendieren nach dem Tieffrieren zur Entsorgung im Restmüll (Müllverbrennung). Der Verlust des Wachses ließe sich mit einer Kooperation zwischen Imkereien verhindern!
— Der Verzehr von Drohnenbrut ist in Europa (noch) nicht üblich – dabei handelt es sich um hochwertiges Eiweiß!
— Drohnenbrut gehört nicht auf den Komposthaufen: Dies lockt Ratten an!
— Das Verfüttern an Wildvögel ist nicht erlaubt: Gefahr der Verbreitung von Bienenkrankheiten und Räuberei.
— Keinesfalls sollte man die Drohnenbrut mit einem Messer oder einer Gabel entdeckeln („Zelldeckel kappen") und die Waben zum Auslecken und Reinigen zurück in das Volk hängen: So werden mögliche Krankheitserreger, insbesondere Bienenviren, im Bienenvolk verteilt!

TYPISCHE FEHLER

— Ausschneiden von nicht verdeckelter Drohnenbrut: Diese enthält keine Milben – die Maßnahme ist dann wirkungslos.
— Zwischen dem Drohnenrahmen und dem Brutnest stehen Pollen- oder Futterwaben, sodass die Bienen den Drohnenrahmen erst sehr spät ausbauen und die Königin verspätet zur Eiablage kommt. Das bremst die Geschwindigkeit der Maßnahme.
— Wer keine Drohnenbrut schneidet oder das Ausschneiden vergisst, hat mehr Milben im Volk und erhöht auch das Risiko der Varroa-Reinfektion zwischen den Völkern des Standes bzw. in der Umgebung.
— Das Entdeckeln und Ausleckenlassen von Drohnenbrut in der freien Natur führt zur Ausbreitung von Krankheitserregern und zur Räuberei.

Der leere (hier: geteilte) Drohnenrahmen wird außen an das Brutnest gestellt.

#02 BRUTABLEGER BILDEN

Prinzip

– 100 % biotechnisch für das Wirtschaftsvolk
– 100 % „sanfte Chemie" oder „chemiefrei" für den Brutableger

Für den Brutableger werden aus dem Wirtschaftsvolk 1 – 2 verdeckelte, möglichst schlupfreife Brutwaben samt jüngster offener Brut und aufsitzenden Bienen entnommen. Die meisten Milben sitzen zu dieser Jahreszeit in den Brutzellen, um sich zu vermehren. Nur wenige Milben sitzen auf den erwachsenen Bienen. Mit den Waben werden Milben aus dem Wirtschaftsvolk entnommen und dieses so auf „biotechnische Weise", chemiefrei entlastet. Der Brutableger zieht sich eine Königin nach. Nach dem Schlüpfen der Brut sind die Milben im Brutableger ausschließlich auf den erwachsenen Bienen – sie werden mit „sanfter Chemie" bekämpft. Das ist möglich, denn der Brutableger wird erst im nächsten Jahr zur Honigernte herangezogen. Alternativ kann der Brutableger mittels Fangwabe oder Hyperthermie-Behandlung „chemiefrei" von Milben befreit werden.

Jahreszeit

Jan. Feb. März April **Mai** **Juni**
Juli Aug. Sept. Okt. Nov. Dez.

Verringerung der Varroa-Population

Je nach Menge der entnommenen Brutwaben werden entsprechend viele Milben aus dem Wirtschaftsvolk genommen.

Witterungsabhängigkeit der Methode

Bildung des Brutablegers: Völlig unabhängig von der Witterung – nur der Begattungsflug der jungen Königin ist witterungsabhängig. Je nach Art der „sanften Chemie" ist für die spätere Behandlung des Brutablegers eventuell eine gute Witterung erforderlich.

Einfluss auf die Schwarmneigung

Die Bildung des Brutablegers durch Entnahme von Brut und Bienen bedeutet ein Schröpfen des Wirtschaftsvolkes und führt so zur Senkung der Schwarmneigung.

Wabenerneuerung

Man sollte möglichst dunkle Brutwaben aus dem Wirtschaftsvolk für die Bildung des Brutablegers entnehmen und diese im Wirtschaftsvolk durch Mittelwände ersetzen.

Königinerneuerung

Im Wirtschaftsvolk bleibt die alte Königin, der Brutableger zieht sich eine junge Königin nach. Man kann jedoch später die/eine alte Königin durch die junge Königin ersetzen (nach Entweiselung den Brutableger aufsetzen).

Einfluss auf die Völkerzahl

Zunahme! Die Völkerzahl wächst, wenn man den Brutableger weiter heranzieht und einwintert.

Benötigtes Material

Verwendet wird ein Ablegerkasten oder ein Magazin mit einem einengenden Absperrschied (oder beidseitig zwei „Thermoschiede"). Für die entnommenen Waben benötigt man als Ersatz Mittelwände oder ggf. aufgeschleuderte helle Waben.
Der Ableger erhält direkt bei der Bildung (mindestens) eine Futterwabe und eine Leerwabe, erst später zur Erweiterung erhält der Ableger weitere Mittelwände/helle

Waben und ein Futtergeschirr mit Futter. Zur Behandlung wird meist „sanfte Chemie“ eingesetzt.

In verschiedenen Beuten möglich

Für alle Beuten mit beweglichen Waben geeignet.

Schwierigkeitsgrad

Das Verfahren ist sehr einfach – man sollte in der Lage sein, die alte Königin auf den entnommen Brutwaben zu erkennen (falls sie dort ist) und diese zurück ins Volk zu setzen. Es geht aber auch ohne diese „Schwierigkeit“ (siehe unten). Die Pflege des Ablegers erfordert Aufmerksamkeit und die richtigen Maßnahmen zur richtigen Zeit.

Zeitbedarf

Eine sehr schnell durchführbare Methode im Wirtschaftsvolk. Die Pflege des Ablegers erfordert verschiedene Arbeitsschritte (Zeit).

Kollidiert die Maßnahme mit der Honigernte?

Nein – kein Einfluss auf die Honigernte (Honigmenge und Rückstände). Die zu erntende Honigmenge könnte geringer ausfallen, wenn einem zu kleinen Wirtschaftsvolk (zu viele) Brutwaben entnommen werden.

Vorteile des Verfahrens

- Man kombiniert die Varroabekämpfung mit Schwarmverhinderung, Bauerneuerung und erhält ein weiteres Volk mit junger Königin.
- Der Brutableger kann als Reservevolk eingewintert werden, oder
- man kann ihn zum richtigen Zeitpunkt „sanft“ gegen Milben behandeln.

Nachteil des Verfahrens

Nicht jede Imkerei wünscht sich weitere Völker – diesen Nachteil könnte man durch eine „Rückvereinigung“ zwecks Königinerneuerung wettmachen. Auch benötigt man genügend Material und Zeit, um sich um eine optimale Entwicklung des Brutablegers kümmern zu können. Durch fehlende oder verspätete Eingriffe kann dieser Schaden nehmen oder gar eingehen.

Den Ableger eng halten, neue Waben ausbauen lassen und das Volk mit kleinen Mengen füttern.

Zur Erweiterung des Ablegers Mittelwände und Leerwaben nur direkt an den Bienensitz setzen.

#02 BRUTABLEGER

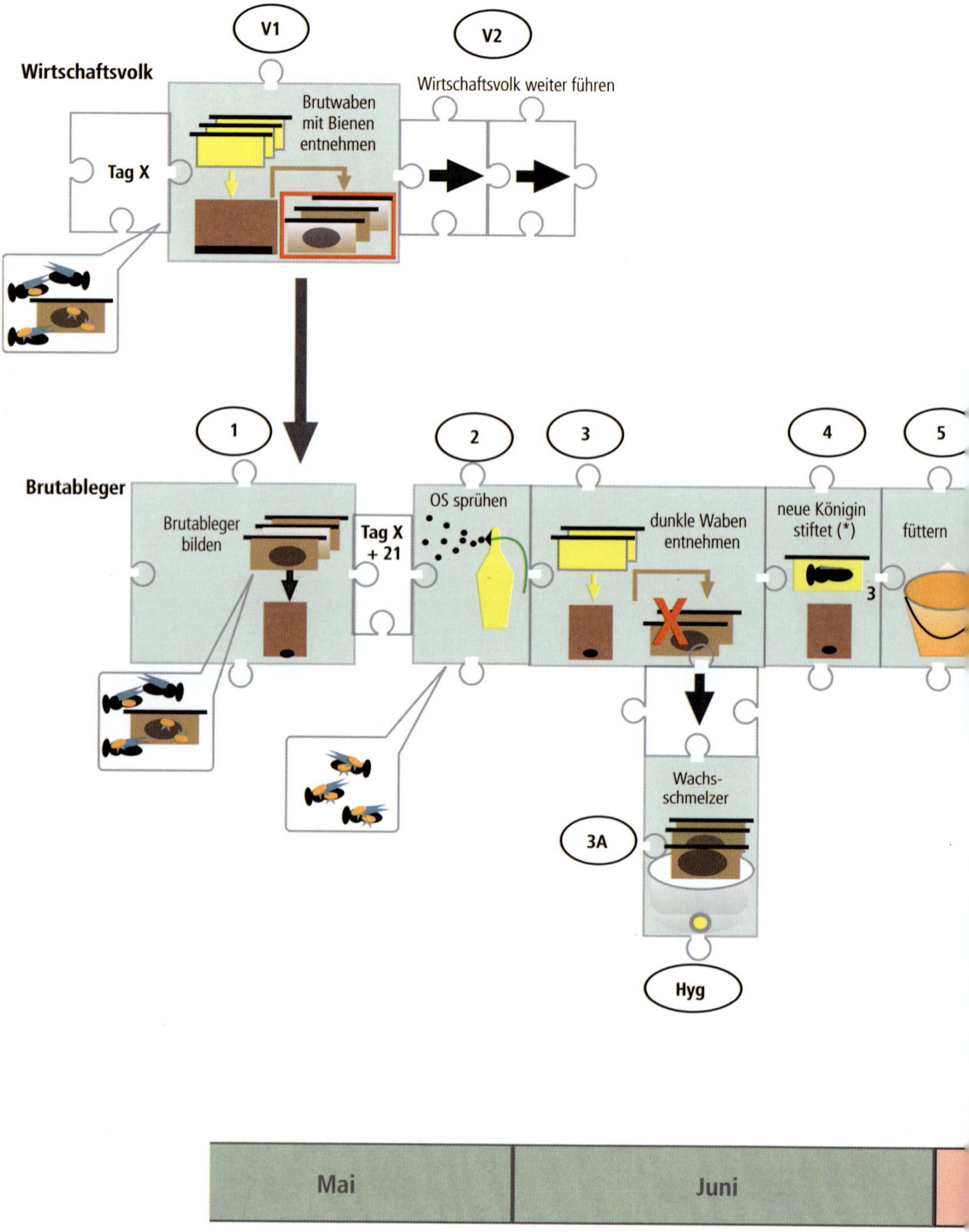

(*) Zeitlich großer Spielraum bis die neue Königin legt: X+21 bis ca. X+30 Tage

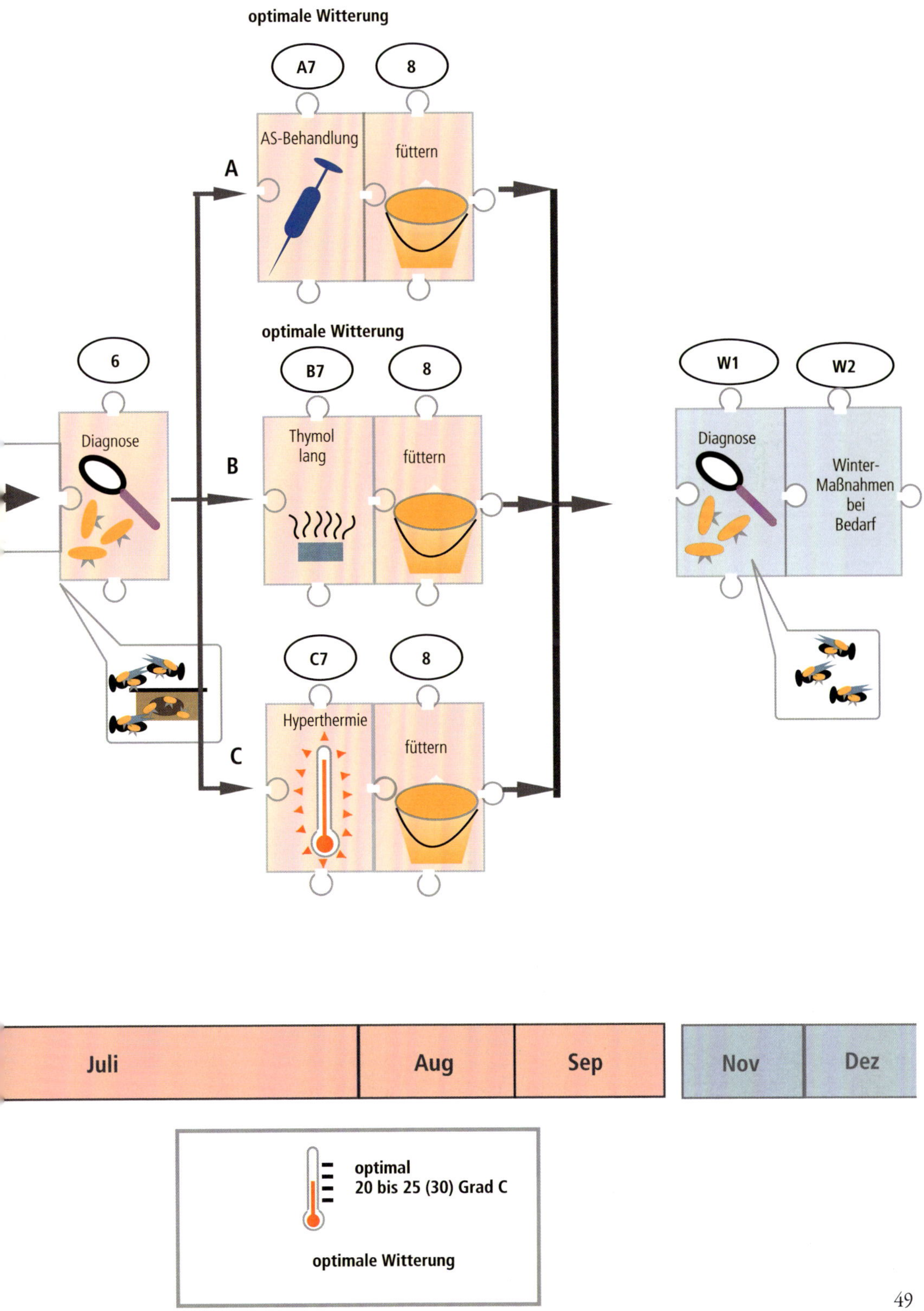
optimale Witterung
A7
8
AS-Behandlung
füttern
A
optimale Witterung
6
B7
8
W1
W2
Diagnose
Thymol lang
füttern
Diagnose
Winter-Maßnahmen bei Bedarf
B
C7
8
Hyperthermie
füttern
C
Juli
Aug
Sep
Nov
Dez
optimal
20 bis 25 (30) Grad C
optimale Witterung

Der Ableger wird mit dem Schied eingeengt.

ARBEITEN SCHRITT FÜR SCHRITT

Wirtschaftsvolk

(V1) Am Tag X werden dem Wirtschaftsvolk 1 bis 2 bis max 3 Brutwaben (bei großen Wabenmaßen wie z. B. Dadant oder 1,5 Deutsch Normalmaß nur eine (!)) mit den aufsitzenden Bienen entnommen. Unbedingt drauf achten, dass die Königin nicht auf den Waben sitzt.

Tipp: Wer sich nicht zutraut, die Königin zu finden, fegt alle Bienen von der Brutwaben zurück ins Wirtschaftsvolk und setzt die Waben in den neuen Kasten. Dann werden aus dem Honigraum (oberhalb des Absperrgitters) Bienen von mehreren Honigwaben zum Ableger gefegt. So bleibt die Königin garantiert im Wirtschaftsvolk!

Das Wirtschaftsvolk wird weiter geführt (V2). Welche Möglichkeiten zur Varroabekämpfung im Sommer bestehen, finden Sie auf S. 26.

Brutableger

(1) Der Brutableger, bestehend aus den entnommenen Brutwaben samt aufsitzenden Bienen, wird in einen Ablegerkasten oder in eine Magazinbeute mit Absperrschied gehängt (besser: beidseitig mit einem Thermoschied die Waben umrahmen, um den Bienen die Wärmeregulation zu erleichtern).

Die Brutwaben werden umrahmt von mindestens 1 Futterwabe und 1 Leerwabe.

Die Menge an Bienen im Ableger sollte unbedingt erhöht werden, wenn der Brutableger auf demselben Bienenstand verbleibt (Rückflug der Flugbienen) und wenn die Außentemperaturen noch nachts unter 10 Grad Celsius fallen können: Hierzu entweder von einer gut besetzten offenen Brutwabe oder von besetzten Honigwaben aus dem Honigraum Bienen zum Ableger hinzufügen. Das Flugloch des Ablegers auf ca. eine „Bienengröße" einengen (max. 1 × 1 cm), um Räuberei zu verhindern. Wenn möglich, den Brutableger etwas abseits der Wirtschaftsvölker aufstellen. Den Varroaboden schließen, damit das Volk die Wärme halten kann.

(2) Nach 21 Tagen ist die Brut des Ablegers geschlüpft, ebenso ein junge Königin, die noch zur Begattung ausfliegen wird. Jetzt ist der optimale Zeitpunkt, für die Varroabehandlung mit Oxalsäure-Sprühbehandlung, da alle Milben ausschließlich auf den Bienen sitzen und noch keine neue verdeckelte Brut vorhanden ist (Details siehe S. 142).

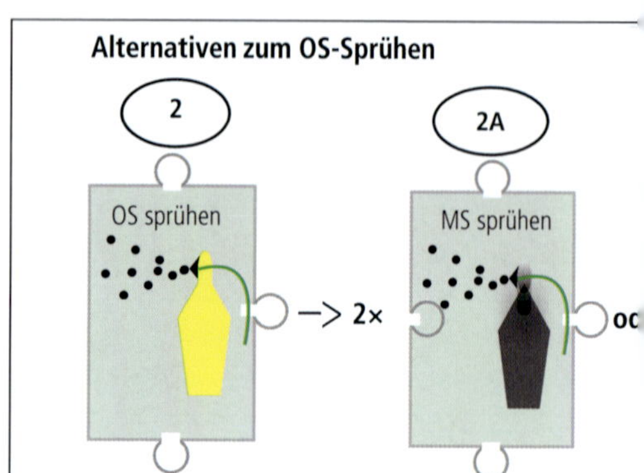

(3) Direkt beim Oxalsäure-Sprühen kann man sich zur Wabenerneuerung entscheiden, denn es gibt noch keine neue verdeckelte Brut: Die angesprühten Bienen werden von einer zu dunklen Wabe in die Beute abgestoßen (abgefegt) und die Wabe durch eine Mittelwand (oder helle, z. B. ausgeschleuderte, ausgeleckte Honigwabe) ersetzt.
Wer die Schritte 2 und 3 arbeitsmäßig trennen möchte, sollte dies innerhalb weniger Tage tun, denn:
(4) mit der Eiablage der neuen Königin kann man ab Tag X + 21 bis Tag X + 30 nach der Bildung rechnen. Das Flugloch des Ablegers bleibt weiter eingeengt. Landende Pollensammlerinnen zeigen die Weiselrichtigkeit und die Bruttätigkeit des Ablegers an.
Tipp: Die Königin jetzt markieren, da sie im kleinen Volk noch leicht zu finden ist.
(5) Jetzt das Volk mit (Flüssig-)Fütterung in kleinen Mengen unterstützen, weniger schnell, aber durchaus möglich ist dies auch mit Futterteig, z. B. direkt auf die Oberträger gelegt. Den Ableger weiter pflegen, bei Bedarf mit Mittelwänden erweitern und weiter in kleinen Mengen füttern.
(6) Über (Gemüll-)Diagnose wird entschieden, ob der Ableger einer weiteren Varroabehandlung im Zeitraum ca. Mitte/Ende Juli bis Anfang September unterzogen werden muss: Der tägliche Milbenfall sollte unter 5 Milben pro Tag liegen (siehe S. 24), ansonsten ist eine Varroa-Sommerbehandlung erforderlich. Die Milben sind überwiegend in der Bienenbrut, nur teilweise auf den erwachsenen Bienen.
Die (Gemüll-)Diagnose zur Sicherheit regelmäßig alle 3 – 4 Wochen durchführen und bei Bedarf erneut behandeln. (Wahl der „weichen" Chemie hängt von den Witterungsbedingungen ab!)
(7) Zur Behandlung des Brutablegers steht eine Vielzahl von Methoden mit „sanfter" Chemie und auch „ohne Chemie" zur Verfügung:
— (A7) Ameisensäure-Anwendung (Details siehe S. 136) – diese ist witterungsabhängig
— (B7) Thymol-Anwendung (Details siehe S. 149) – diese ist witterungsabhängig
— (C7) Hyperthermie Behandlung (Details siehe S. 116)
(8) Füttern des Ablegers für das Anregen der Brutaktivität (Wachstum des Ablegers und Produktion von Winterbienen) und für das Anlegen von Wintervorräten.
(9) ohne Abb.: (Gemüll-)Diagnose rund 3 – 4 Wochen nach der letzen Behandlung, eine weitere Behandlung ist erforderlich, falls die Milbenfallzahlen bei > 5 Milben pro Tag liegen.
(10) ohne Abb.: Weitere Behandlung bei Bedarf (Details siehe bei Punkt (7A)).
(11) ohne Abb.: Fortsetzen der (Winter-) Auffütterung.

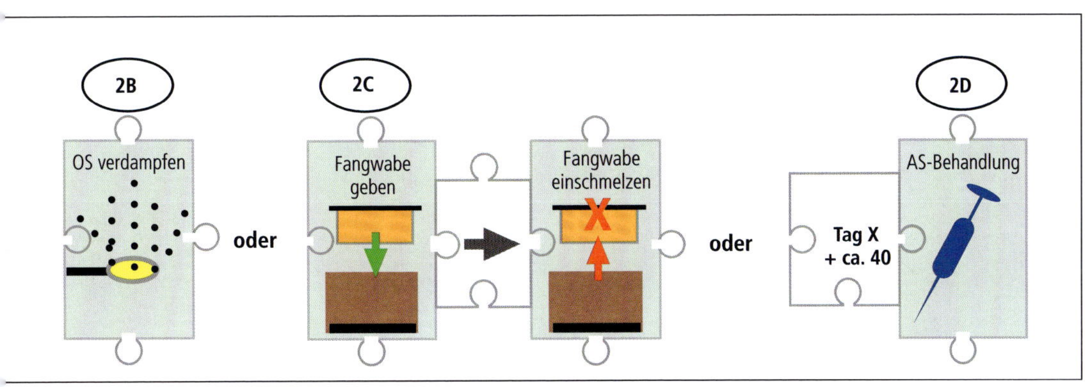

(W1) Diagnose vor einer möglichen Winterbehandlung zum Zeitpunkt der Brutlosigkeit (!), Einschätzung der Milbenfallzahlen siehe S. 24.
(W2) Winterbehandlung bei Bedarf, Details siehe S. 121.

VARIANTEN ZUR BEHANDLUNG

Anstelle des Arbeitsschrittes (2), der einmaligen Sprühbehandlung mit Oxalsäure, stehen alternative Behandlungsverfahren zur Verfügung:

— (2A) zweimal im Abstand von wenigen Tagen Milchsäure sprühen, zur Erhöhung der Wirksamkeit (siehe S. 147).
— (2B) ein- bis zweimal Oxalsäure verdampfen (nur, wenn bereits rechtlich zugelassen, siehe S. 142).
— (2C) Fangwabe anwenden: solange der Ableger brutfrei ist oder die neue Königin „nur" Stifte legt, kann man eine Fangwabe einsetzen und nach ihrer Verdeckelung nach wenigen Tagen samt Varroamilben entnehmen (siehe S. 76).
— (2D) Ameisensäure-Behandlung, ab dem Zeitpunkt des Vorhandenseins verdeckelter Brut (Tag X + ca. 40) – siehe S. 136.

BILDEN VON ZWEI BRUTABLEGERN

Einem starken Wirtschaftsvolk kann man problemlos auch zweimal Brutwaben zur Bildung eines Brutablegers (Schritt (1) und (2)) entnehmen – das ist besonders sinnvoll, wenn das Volk deutliche Anzeichen des Schwarmtriebes zeigt (z. B. Bau von Weiselnäpfchen, möglichst vor dem Bestiften der Weiselnäpfchen). Der genaue Tag der Bildung des zweiten Brutablegers hängt von dieser Entwicklung bzw. Ihren Beobachtungen ab (Tag X + ?). Besonders Anfänger stellen sich die Frage, ob das Bienenvolk durch die Bildung des Brutablegers zu stark geschwächt wird. Man sollte sich klar machen, dass zur Trachtnutzung Flugbienen benötigt werden. Die Bienen in den Brutwaben kommen erst in vielen Wochen zum Fliegen und Sammeln – in der aktuellen Situation haben sie hierfür keinerlei Bedeutung.

> KOSMOS PLUS
> **BRUTABLEGER**
> Tabelle zum Download

EINEN (GROSSEN) SAMMELBRUTABLEGER BILDEN

Mit nur zwei kleinen Änderung der Arbeitsschritte zur Bildung eines (einzelnen) Brutablegers kann man einen größeren Brutableger bilden:
Am Tag X werden die benötigten Brutwaben und Bienen aus mehreren Bienenvölkern genommen und als Sammelbrutableger in eine Beute (Zarge) gestellt. Die Bienen werden Weiselzellen aus jüngster Brut „ansetzen" – meist eine größere Anzahl: Um ein Abschwärmen mit unbegatteten Königinnen zu vermeiden, wird 9 Tage später die Anzahl an Weiselzellen auf eine Zelle reduziert – hier besteht eine größere Schwarmgefahr als beim kleinen Brutableger! Aus der verbliebenen Weiselzelle wird die zukünftige Königin schlüpfen.
Tipp: Den Brutableger kann man als eigenständiges Volk aufbauen und später einwintern, oder man stellt den Sammelbrutableger her, um mit der „Bienenmasse" Begattungsvölkchen oder einen oder mehrere Kunstschwärme zu bilden. Dann könnte man auch alle Weiselzellen brechen und eine alte, gekäfigte Königin im Ableger belassen, sodass sich die Bienen nicht weisellos fühlen – ansonsten müsste man vor der Verwendung der „Bienenmasse" die junge (evtl. legende) Königin finden.

TYPISCHE FEHLER

— Zu kleine und sehr früh gebildete Ableger kommen bei niedrigen Außentemperaturen an ihre Grenzen, es kann zur

Unterkühlung/zum Absterben von Brut kommen. Abhilfe: Bei der Bildung des Ablegers mehr (flugunfähige) Jungbienen aus dem Honigraum oder von offenen Brutwaben zufegen.

— Die Aufzucht von Weiselzellen geht schief, z. B. da keine jüngste offene Arbeiterinnenbrut vorhanden war. Der weisellose Brutableger wird entweder aufgelöst oder erhält erneut eine Brutwabe mit offener (und verdeckelter) Arbeiterinnenbrut zum Nachziehen einer neuen Königin.
Tipp: Werden an dieser Wabe keine Weiselzellen gezogen, dann ist doch eine junge Königin im Volk!
— Zu großes Flugloch des Ablegers: Räuberei kann schnell zum Ende des Ablegers führen.
— Ableger in zu großen Beutenraum gesetzt: Der Ableger benötigt viele Bienen zum Heizen und entwickelt sich nur schleppend. Den überschüssigen Raum daher mit einem Absperrschied (Thermoschied) abtrennen.
— Ableger zu früh gefüttert, fördert die Gefahr von Räuberei. Ab Eiablage der neuen Königin kleine Mengen füttern.
— Ableger verhungert, da nicht gefüttert.
— Ableger entwickelt sich auch nach Schlupf der Königin sehr schleppend, obwohl er durch Fütterung unterstützt wird: Die schlechte Königin abdrücken und den Ableger auflösen.
— Ableger nicht behandelt: Hohe Milbenmenge sind bis zum Sommer erreicht und führen zu deutlichen Schädigungen von Brut und Bienen.

Nach guter Entwicklung muss der Ableger in eine größere Beute umgesetzt werden.

#03 LANGZEITBEHANDLUNG(EN)

Prinzip

– 100 % „weiche Chemie"

Mit der organischen Säure Ameisensäure sowie mit Thymol, dem ätherischen Öl, wird über eine längere Zeit den Varroa-Milben das Leben im Bienenstock „versäuert" und diese geschädigt: Milben auf den erwachsenen Bienen werden von beiden Stoffen erreicht; allein die Ameisensäure ist in der Lage, die Milben in den verdeckelten Brutzellen zu erreichen, zu schädigen oder zu töten. Bei Thymol werden diese Milben „erst" erreicht, wenn die Bienen schlüpfen und samt den Milben dem Wirkstoff ausgesetzt sind. Ameisensäure zeigt die schnellste und höchste Wirksamkeit. Thymol ist für eine ausreichende Wirkung stark von ausreichend hohen Temperaturen abhängig; wegen der Gefahr von Rückständen im Bienenwachs ist Thymol nicht unumstritten – bei der Ameisensäure besteht diese Gefahr nicht!

Wirkungsvolle Kombinationen: Es besteht die Möglichkeit, die Anwendung von Ameisensäure und Thymol miteinander zu kombinieren.

Jahreszeit

Jan. Feb. März April Mai Juni
Juli **Aug.** **Sept.** (Okt.) Nov. Dez.

👍👍👍 Verringerung der Varroa-Population

👎👎👎 Witterungsabhängigkeit der Methoden

Sehr hohe Abhängigkeit von ausreichend hohen Temperaturen: Ameisensäure und Thymol.

Sehr hohe Abhängigkeit von einer regenfreien Zeit (keine hohe Luftfeuchtigkeit): Ameisensäure.

Ameisensäure und Thymol haben keinen Einfluss:

— auf die Schwarmneigung
— Wabenerneuerung
— Königinerneuerung
— auf die Völkerzahl: nein, bleibt konstant

Benötigtes Material

Für die Behandlung für Bienen zugelassene Säuren bzw. Präparate und „Geräte": Ameisensäure (Verdunster, Ameisensäurestreifen oder Schwammtuch) oder Thymol-Präparat. Teilweise ist auch ein Verdunstungsraum z. B. eine Halbzarge notwendig.

— Grundlegende Details zur Anwendung von Ameisensäure siehe S. 136.
— Grundlegende Details zur Anwendung von Thymol siehe S. 149.

👍👍👍 In verschiedenen Beuten möglich

In fast allen Beuten anwendbar, wenn folgende Voraussetzung erfüllbar sind:

— Ameisensäure wirkt am besten von oben, noch akzeptabel von der Seite und deutlich schlechter von unten angewandt.
— Thymol muss von oben auf die Waben gelegt werden können – von unten reicht die Wirkung nicht aus.

Siehe auch bei der Beschreibung der einzelnen Verfahren und Gerätschaften ab S. 133.

👍 Schwierigkeitsgrad

Jedes Verfahren erfordert Erfahrung, Fingerspitzengefühl und Aufmerksamkeit. Beherrscht man die Verfahren, sind sie einfach. Am besten sollte anfangs ein erfahrener Imker zur Seite stehen.

👍👍 Zeitbedarf

— Ameisensäure: wenig bis mittel
— Thymol: wenig bis mittel

Kollidiert die Maßnahme mit der Honigernte?

Ja – Beginn der Behandlung erst nach der letzten Honigernte (Einfluss auf Honigmenge und Rückstände).

Vorteile des Verfahrens

- Ameisensäure: wirkt schnell, wirkt auch auf die Milben in den verdeckelten Brutzellen
- Thymol: hat bei optimalen (!) Temperaturen geringe Nebenwirkungen auf die Bienen und Brut

Nachteile des Verfahrens

- Ameisensäure: starke Witterungsabhängigkeit, Absterben geschlüpfter Bienen und jüngster offener Brut. In seltenen Fällen (bei Überdosierung) auch Absterben der Königin und großer Brutflächen. Erhöhte Unruhe der Bienen möglich. Keine gleichzeitige (Flüssig-) Fütterung während der Anwendung.
- Thymol: starke Witterungsabhängigkeit, keine Wirkung auf Milben in der verdeckelten Brut, Wirkung entfaltet sich erst nach Tagen, Absterben von Brut in direkter Umgebung zum Präparat, erhöhte Unruhe der Bienen möglich. Bei Hitze starker Brutrückgang und keine Abnahme von Futter.
- Das Präparat selbst, die damit behandelten Waben und Beuten riechen stark – das muss man mögen!
- Fütterung während der Anwendung ist je nach Präparat möglich, teilweise wird die Fütterung vor Anwendungsbeginn empfohlen. Mögliche Thymol-Rückstände im Bienenwachs.

#03.1 LANGZEITBEHANDLUNG(EN) MIT AMEISENSÄURE

Die Anwendung der Ameisensäure ermöglicht bei ausreichend hohen Temperaturen und bei trockener Witterung eine effektive Bekämpfung aller Varroamilben im Volk: Milben, die sich auf den Bienen und in den verdeckelten Brutzellen aufhalten. Das ist der große Unterschied zu allen anderen Bekämpfungsmitteln, egal ob „weiche" oder „harte" Chemie.

Der Zeitpunkt für die Anwendung sollte gut geplant werden, weil der Wirkungsgrad der Ameisensäure von Witterungsbedingungen abhängt:

Temperaturen: optimal sind 20 – 25 Grad Celsius, nach oben sind kurzzeitig auch bis 30 Grad Celsius möglich. Unterhalb von 20 Grad liegen die Grenzen je nach Anwendungsart (siehe S. 138) bei ca. 16 – 18 Grad Celsius, da dann die Wirkung stark reduziert ist.

Niederschläge: Dauerregen und anhaltende Luftfeuchtigkeit (Sprühregen und Nebel) sollten nicht zum Zeitpunkt der Anwendung auftreten. Hinweise bieten das Portal www.varroawetter.de (für Österreich z. B. www.bienengesundheit.at); sowie viele Wetter-Apps.

Der Liebig-Dispenser steht in einer (halben) Zarge (Verdunstungsraum) über dem Bienensitz.

Langzeitbehandlungen oder Stoßbehandlungen?

Das Schwammtuch war bisher nicht zur Varroabehandlung in Deutschland zugelassen, es wurde jedoch über viele Jahre in vielen anderen Ländern toleriert. Mit der Zulassung der „Ameisensäure 60 Bernburg" wird in der Fachinformation zu diesem Tierarzneimittel neben der Langzeitbehandlung mit Verdunstern auch die Kurzzeitbehandlung (Stoßbehandlung) mit dem Schwammtuch mit Angaben zur Dosierung beschrieben.

Die Entscheidung für eine Langzeitanwendung mit einem Verdunster (Dispenser) oder Ameisensäure-Streifen oder zwei Stoßbehandlungen mit dem Schwammtuch wird bereits in der Vorplanung der Anwendung, je nach Ausbildungs- und Kenntnisstand und je nach regionaler Verbreitung getroffen. Untersuchen zeigen leicht unterschiedliche, aber gute Wirksamkeiten für alle Anwendungsverfahren der Ameisensäure. In der Imkerpraxis sind Anwendungsfehler oder Witterungseinflüsse entscheidender als wenige Prozent Unterschiede in der Wirksamkeit zu Gunsten von Ameisensäure-Streifen und (einigen) Verdunstern.

Generell gilt: Jedes Verfahren mit Ameisensäure hat seine Tücke und erfordert Aufmerksamkeit und Fingerspitzengefühl! „Neulinge" sollten sich eine kompetente Begleitung vor Ort während der ersten Anwendungen organisieren. Alle zu bedenkenden Details bei der Anwendung von Ameisensäure sind ab S. 136 aufgelistet.

Arbeiten Schritt für Schritt

(1) Die letzte Honigernte macht den Weg frei für die Behandlungen, dadurch wird der Honig nicht mit Wirkstoffen belastet.

(2) Eine Fütterung einer kleinen Menge an Flüssigfutter (z. B. 2 – 3 kg Zuckerlösung oder -sirup) wird bei Bedarf, besonders bei stark abgeernteten Völkern (ohne große Futterreserven) das Verhungern verhindern und fördert gleichzeitig die Brutaktivität.

(3) Mittels (Gemüll-)Diagnose über 3 Tage wird der aktuelle Varroa-Befallsgrad bestimmt: Ab einer Milbenfallrate von > 5 Milben pro Tag sollte bald (ca. in 1 – 2 Wochen), bei 10 Milben und mehr pro Tag sofort behandelt werden. Die Milben befinden sich momentan überwiegend in den Brutzellen, aber auch (weniger) auf den Bienen.

(4) Prüfung der Witterungsbedingungen für mindestens die nächsten 3 Tage-Prognose: kein Dauerregen, Temperaturen zwischen 20 – 25 Grad Celsius, kurzzeitig bis max. 30 Grad Celsius.

Start der 1. Langzeitbehandlung, je nach Verdunstertyp in den ersten Tagen die Verdunstungsrate kontrollieren und wenn nötig die Verdunstungsmenge erhöhen oder ver-

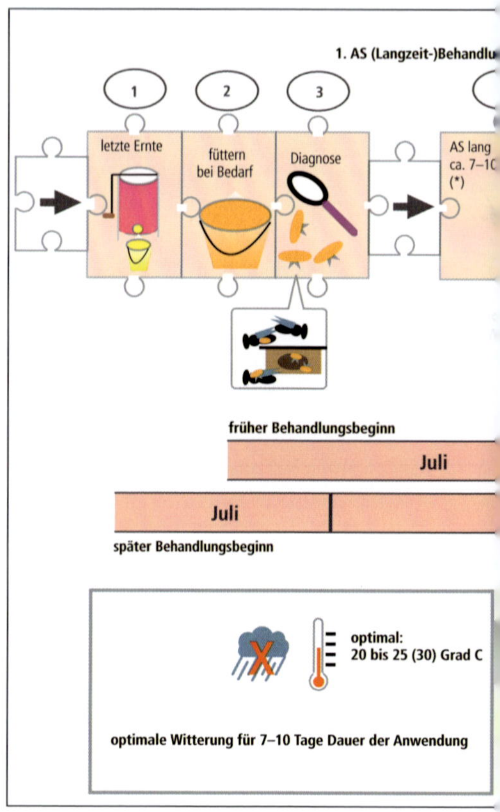

ringern („Docht-Material“ anpassen; siehe S. 136). Die Dauer der Langzeitbehandlung kann der Varroa-Situation angepasst werden: eine „verkürzte“ Langzeitbehandlung mit einer Dauer von z. B. 3 – 5 oder 7 Tagen Länge bei geringer Varroa-Belastung (Herstellerangaben berücksichtigen).
(5) Winterauffütterung fortsetzen, dabei den Raumbedarf der Bienen kontrollieren und die Weiselrichtigkeit kontrollieren. Unbedingt Räuberei verhindern (Flugloch einengen)!
(6) Diagnose alle 3 – 4 Wochen, bei Bedarf (siehe Milben-Fallzahlen bei Schritt (3)) wird wieder behandelt.
(7) Start der 2. Langzeitbehandlung, ggf. die Verdunstungsrate kontrollieren. Unbedingt die Witterungsbedingungen beachten!
(8) Fortsetzung der Winterauffütterung.
(9) Führen der Völker bis zur Einwinterung und zur möglichen Winterbehandlung im November/Dezember (siehe S. 121).

Tipp: Der Milbenfall und die Wirkung der Ameisensäure halten rund 2 – 3 Wochen an, wenn die letzte behandelte, verdeckelte Brut geschlüpft ist. So lange fallen noch von der Ameisensäure geschädigte und getötete Milben. Den Behandlungserfolg über die Gemüllkontrolle im Kontroll- oder Bearbeitungsrhythmus unbedingt dokumentieren.

KOSMOS PLUS
AMEISENSÄURE LANGZEITBEHANDLUNG
Tabelle zum Download

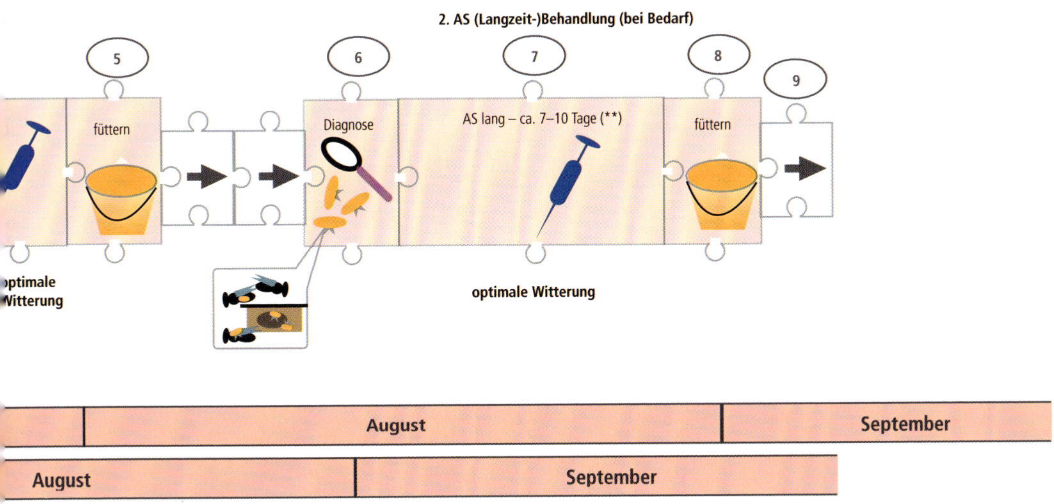

(*) **Behandlungslänge** hängt vom Verdunster (Dispenser) und der Varroasituation ab, z.B.:
Liebig Dispenser 3–5 Tage
AS Streifen 7 Tage
FAM Dispenser 7 Tage
Nassenheider Verdunster prof. mindestens 10 Tage

(**) **Behandlungslänge** hängt vom Verdunster (Dispenser) und der Varroasituation ab, z.B.:
Liebig Dispenser 6–14 Tage
AS Streifen 7 Tage
FAM Dispenser 14 Tage
Nassenheider Verdunster prof. mindestens 10 Tage

#03.1 Langzeitbehandlung(en) mit Ameisensäure

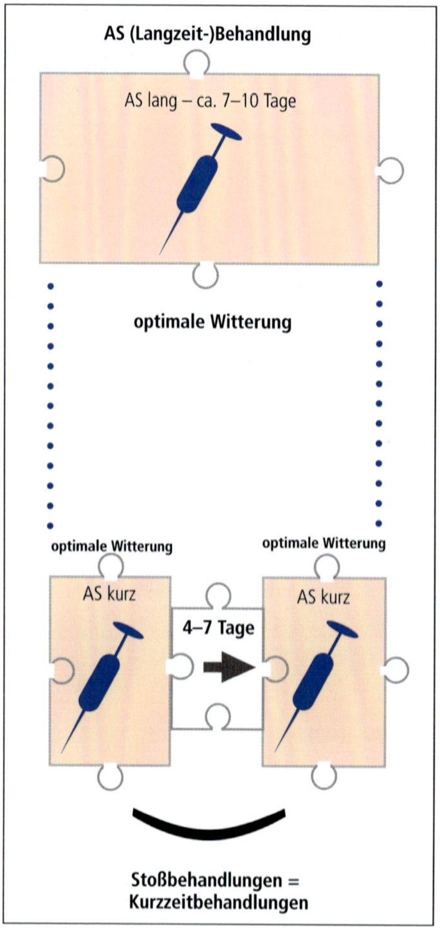

#03.1: Langzeitbehandlung(en) mit Ameisensäure (AS)

Zwei Stoßbehandlungen (Kurzzeitbehandlungen) ergeben eine Langzeitbehandlung!

Das Schwammtuch wird mindestens 24 Stunden, maximal bis zur zweiten Anwendung nach 4 – 7 Tagen im Volk belassen und dann neu mit Ameisensäure (außerhalb des Volks) wieder aufgeladen. Das zweite Schwammtuch verbleibt für 24 bis 48 Stunden im Volk.
Für die Wirkdauer von mindestens 24 Stunden je Schwammtuch-Anwendung müssen die Witterungsbedingungen angemessen sein: kein Regen, Temperaturen zwischen 20 – 25 Grad Celsius, kurzzeitig bis max. 30 Grad Celsius (möglichst vermeiden!).
Die zweite Langzeitbehandlung besteht aus der 3. und 4. Stoßbehandlung und wird nach den gleichen Kriterien, wie für Verdunster, eingeleitet.
Neu gekaufte Schwammtücher vor der 1. Anwendung mit Wasser „ausspülen" und trocknen lassen.

Typische Fehler

- Behandlung bei ungeeigneter Witterung, besonders Dauerregen oder zu geringe Temperaturen. **Besser:** Behandlung verschieben bis optimale Witterung besteht. An kühlen Tagen möglichst zur wärmsten Zeit (mittags) behandeln. Bei voraussichtlich länger vorherrschender ungünstigen Witterung besser eine andere Form der Varroabekämpfung wählen, siehe S. 24).
- Falsche Dosierung, Unterdosierung zeigt keine/kaum Wirkungen auf den Milbenfall. **Besser:** Herstellerangaben beachten, sachkundige Person hinzuziehen.
- Überdosierung/Flugloch zu stark eingeengt, sodass Bienen und Brut einer zu großen Säurekonzentration ausgesetzt sind. Die Bienen verlassen in großer Menge die Beute. **Besser:** Flugloch komplett öffnen. **Sofortmaßnahme:** Verdunster oder AS-Streifen (Schwammtuch) sofort aus dem Volk nehmen, Gemüllwindel ziehen, damit auch von unten Luft in die Beute kommt. Behandlung frühestens nach 24 Stunden fortsetzen.
- Überflüssiger Beutenraum führt zu einer Verdünnung der Ameisensäure-Konzentration und damit zu einer Unterdosierung. **Besser:** überflüssigen Beutenraum abnehmen oder dicht abschotten (Trennschied).
- Gemüllwindel nicht eingeschoben, der Varroa-Boden ist geöffnet, sodass die

säurehaltige Luft schnell aus der Beute strömt. **Besser:** Checkliste beachten (siehe S. 140); Gemüllwindel unbedingt einschieben bzw. den Beutenboden verschließen.

— Vor der AS-Anwendung das Bienenvolk stark und länger gestört (Volksdurchsicht). Das führt zu erheblicher Aufregung der Bienen, die Brutnest-Temperierung ist gestört. **Besser:** keine großen Störungen (Kontrollen) vor der Anwendung.

— Flüssigfütterung direkt vor der Anwendung führt zu erhöhter Luftfeuchtigkeit im Stock, die sich mit der Ameisensäure verbindet und so die Dosierung verringert. **Besser:** Flüssigfütterung 2 – 3 Tage vor der Anwendung beenden.

#03.2 LANGZEITBEHANDLUNG(EN) MIT THYMOL

Thymol-Präprate erzielen ihre Wirkung auf die Varroamilbe über eine Dauer von mindestens 3 – 4 Wochen, da sie ausschließlich auf „freie" Milben (Milben auf Bienen und auf Waben herumlaufend) wirken. Diese Präparate können den Brutzelldeckel nicht ausreichend durchdringen – sich dort vermehrende Milben bleiben vor dem Thymol geschützt, bis sie mit der schlüpfenden Biene die schützende Brutzelle verlassen: Dann werden auch diese Milben von den Thymoldämpfen erreicht.

Der Zeitpunkt für die Anwendung sollte gut geplant werden, weil der Wirkungsgrad des Thymols von der Witterung abhängt:
Temperaturen: optimal sind 20 – 25 Grad Celsius, nach oben sind kurzzeitig auch bis 30 Grad Celsius möglich. Unterhalb von 20 Grad liegen die Grenzen je nach Präparat, die Wirkung nimmt dann ab (siehe S. 149 und in den jeweiligen Beipackzetteln).
Niederschläge: stören die Wirksamkeit nicht.

Das Schwammtuch liegt mittig über dem Brutnest.

Arbeiten Schritt für Schritt

→ Schema siehe S. 62
(1) Die letzte Honigernte muss erfolgt sein, bevor die Anwendung beginnt, damit der Honig keine Thymol-Rückstände enthält.
(2) Die Verfütterung von kleinen bis mittleren Mengen (2 – 5 kg) an Flüssigfutter sorgt für ausreichende Reserven des abgeernteten Volkes und regt zum Brüten an. Die Fütterung während der Anwendung ist je nach Präparat möglich – teilweise „verweigern" die Bienen die Futteraufnahme während Thymol im Volk wirkt (besonders bei höheren Temperaturen > 30 Grad Celsius).
(3) Mittels (Gemüll-) Diagnose wird die aktuelle Varroasituation über 3 Tage ermittelt. Fallen täglich < 5 Milben bald (innerhalb von 1 – 2 Wochen), bei 5 – 10 Milben pro Tag sofort oder besser mit einer schneller wirkende Bekämpfungsmethode (Ameisensäure) behandeln. Bei > 10 Milben pro Tag sollte auf jeden Fall zuerst eine Ameisensäurebehandlung durchgeführt werden!

(4) **1. Thymol Langzeitbehandlung:** Das Thymolpräparat wird immer nahe an das Brutnest des einzargigen Volkes gesetzt (siehe S. 149) und je nach Präparat erneuert bzw. ergänzt:
4A Thymovar®: zweimalige Gabe im Abstand von jeweils 21 – 28 Tagen
4B Apiguard®: zweimalige Gabe im Abstand von 14 Tagen
4C Apilife Var®: viermalige Gabe im Abstand von 7 Tagen
(5) Nach Beendigung der Thymol-Anwendung werden die Präparate aus der Beute genommen und die Winter-Auffütterung fortgesetzt.
Ausnahme: Gegebenenfalls muss die Thymovar®-Anwendung (oder die der anderen Präparate) bereits eher für eine kurzfristige Fütterung unterbrochen werden (siehe 6A). Die Völker werden weiter bis zur Einwinterung geführt.

Weitere Schritte ohne Abbildung:

— Nach rund 3 – 4 Wochen setzt nach der Behandlung der natürliche Milbenfall ein, der möglichst unter 5 Milben pro Tag liegen sollte. Anders als einige Herstellerangaben besagen, reicht meist die Außentemperatur nicht für eine erneute wirkungsvolle Thymolbehandlung. Daher sollte bei Milbenfallzahlen > 5 Milben pro Tag eher eine andere Behandlung durchgeführt werden (siehe S. 24).

— Der möglichen Winterbehandlung geht eine Diagnose im November bei Brutfreiheit voraus. Details siehe S. 121.

Die Anzahl der Behandlungen bzw. der Erneuerung des Präparates hängt von dem jeweiligen Präparat ab (siehe S. 149).

KOSMOS PLUS
THYMOL-LANGZEIT-BEHANDLUNG
Tabelle zum Download

KOMBINATION: THYMOL- UND AMEISENSÄURE-BEHANDLUNG

Hier wird nach der letzten Honigernte (1) erst etwas gefüttert (2) und nach der Diagnose (3) bei einem niedrigen Milbenfall von < 5 Milben pro Tag eine Thymol-Behandlung (4) über 21 bis 28 Tage durchgeführt. Die Winterauffütterung (5) wird fortgesetzt. Bei einer späteren Diagnose (6) mit

Thymol-Streifen (Apilife Var®) ums Brutnest verteilt.

Öffnen der Thymovar®-Packung – Handschuhe!

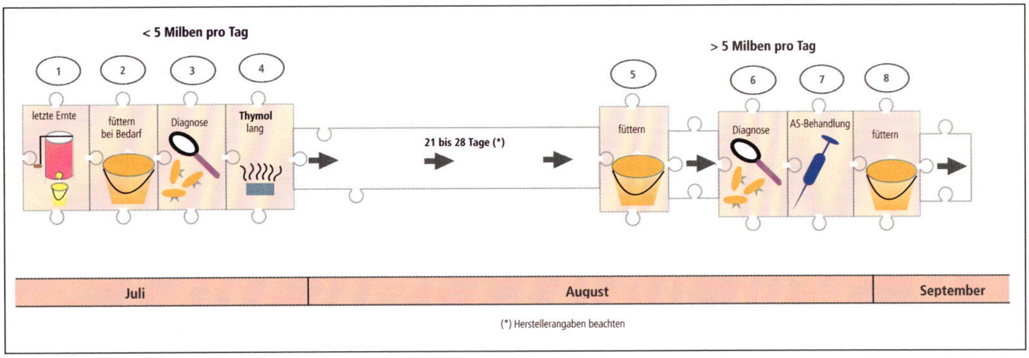

#03.2 Langzeitbehandlung(en) mit Thymol – Kombination Thymol und AS

einem höheren Milbenfall von > 5 Milben pro Tag wird eine Ameisensäure-Behandlung (7) durchgeführt. Danach kann die Winterauffütterung (8) fortgesetzt werden. **Vorteil:** Die Ameisensäure-Behandlung wirkt erheblich schneller, ist wirkungsvoller und erfordert für einen kürzeren Zeitraum als Thymol optimale Witterungsbedingungen.
Die Reihenfolge, erst Thymol und später Ameisensäure, sollte möglichst nicht umgedreht werden, denn eine späte Thymolbehandlung erfordert ausreichend hohe Außentemperaturen – die sind nur mit Glück auch vorhanden!

Platzieren der teilbaren Thymol®-Streifen.

Typische Fehler

- Anwendung bei zu niedrigen Außentemperaturen: Die Wirksamkeit des Thymols reicht nicht aus. **Besser:** Behandlung verschieben oder eine andere wirksame Behandlung durchführen, siehe S. 24.
- Überschüssiger Beutenraum, zweizargige Völker oder überzählige Leerwaben führen zur Verdünnung des Wirkstoffes in der Stockluft. **Besser:** Überschüssige Zargen usw. abnehmen, Leerwaben aus dem Brutraum entnehmen und ein dichtes Trennschied einsetzen.
- Das Präparat ist mit einer Folie nach oben hin abgedeckt: fehlender Verdunstungsraum, kann zu einer Reduzierung der Wirksamkeit des Thymols führen. **Besser:** 0,5 – 1 cm Platz zwischen Präparat und Deckel (Herstellerangaben).
- Varroaboden versehentlich nach unten offen gelassen: Der Wirkstoff verschwindet zu schnell aus der Beute. **Besser:** Gemüllwindel vor der Behandlung einlegen und während der gesamten Behandlung dort belassen. Kontrolle und Säuberung der Gemüllwindel möglichst im Wochenrhythmus.
- Waben, die während der Thymol-Behandlung im Volk waren, wurden später im Honigraum verwendet: Thymol-Rückstände können in den Honig gelangen und ihn in Geruch und Geschmack verfälschen!

#03.2 LANGZEITBEHANDLUNG(EN) MIT THYMOL

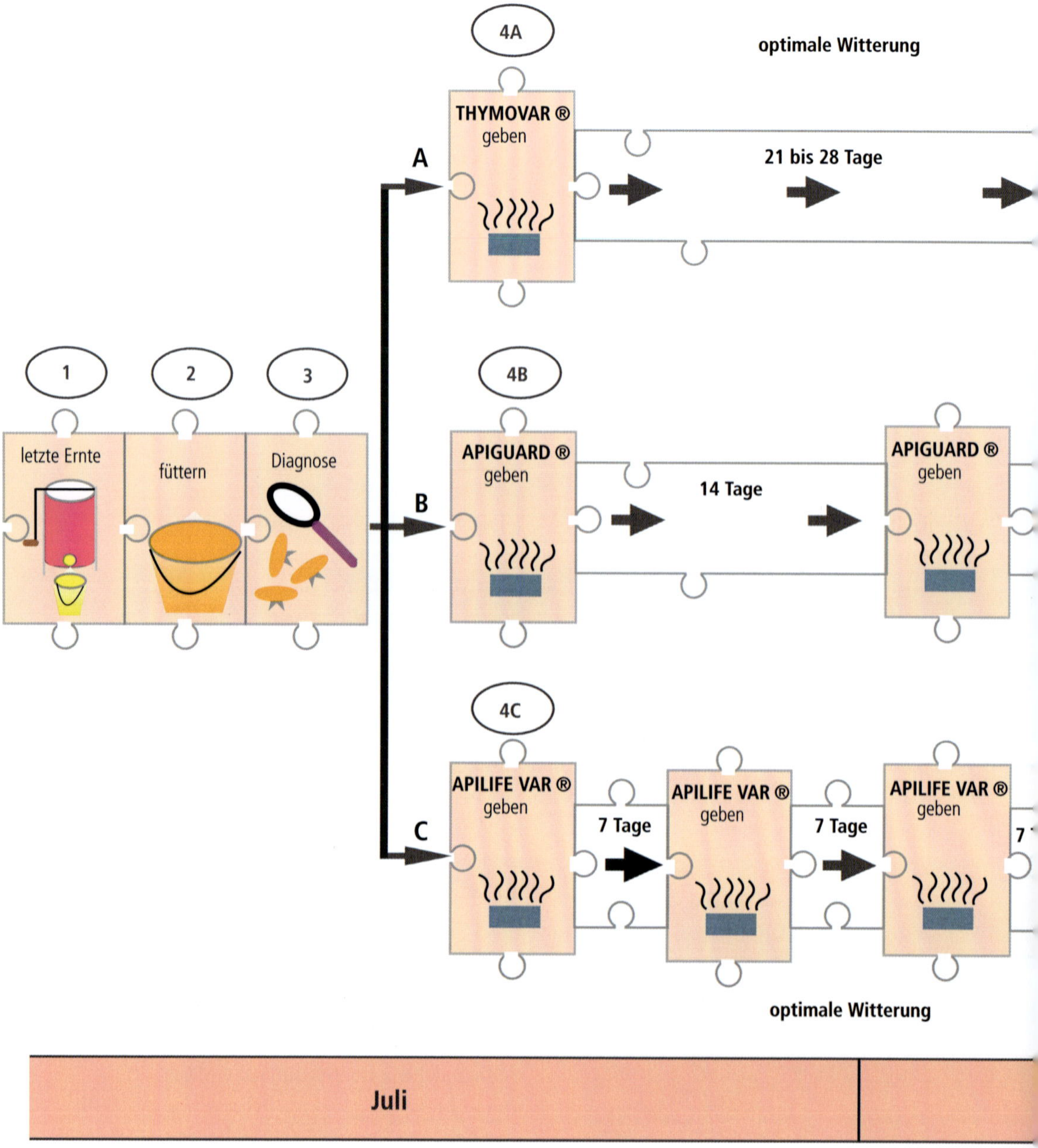

Behandlungsbeginn spätestens am 15.7.

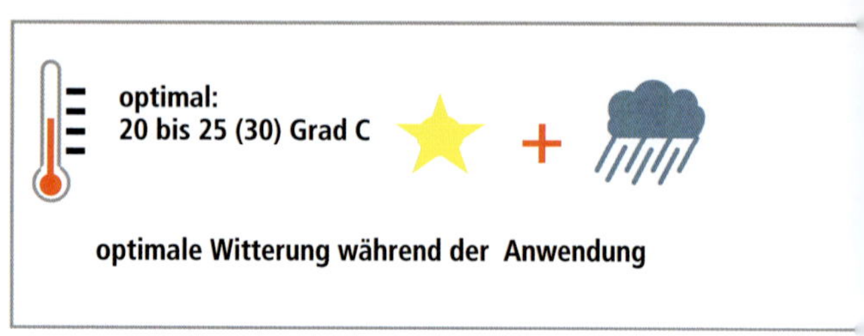

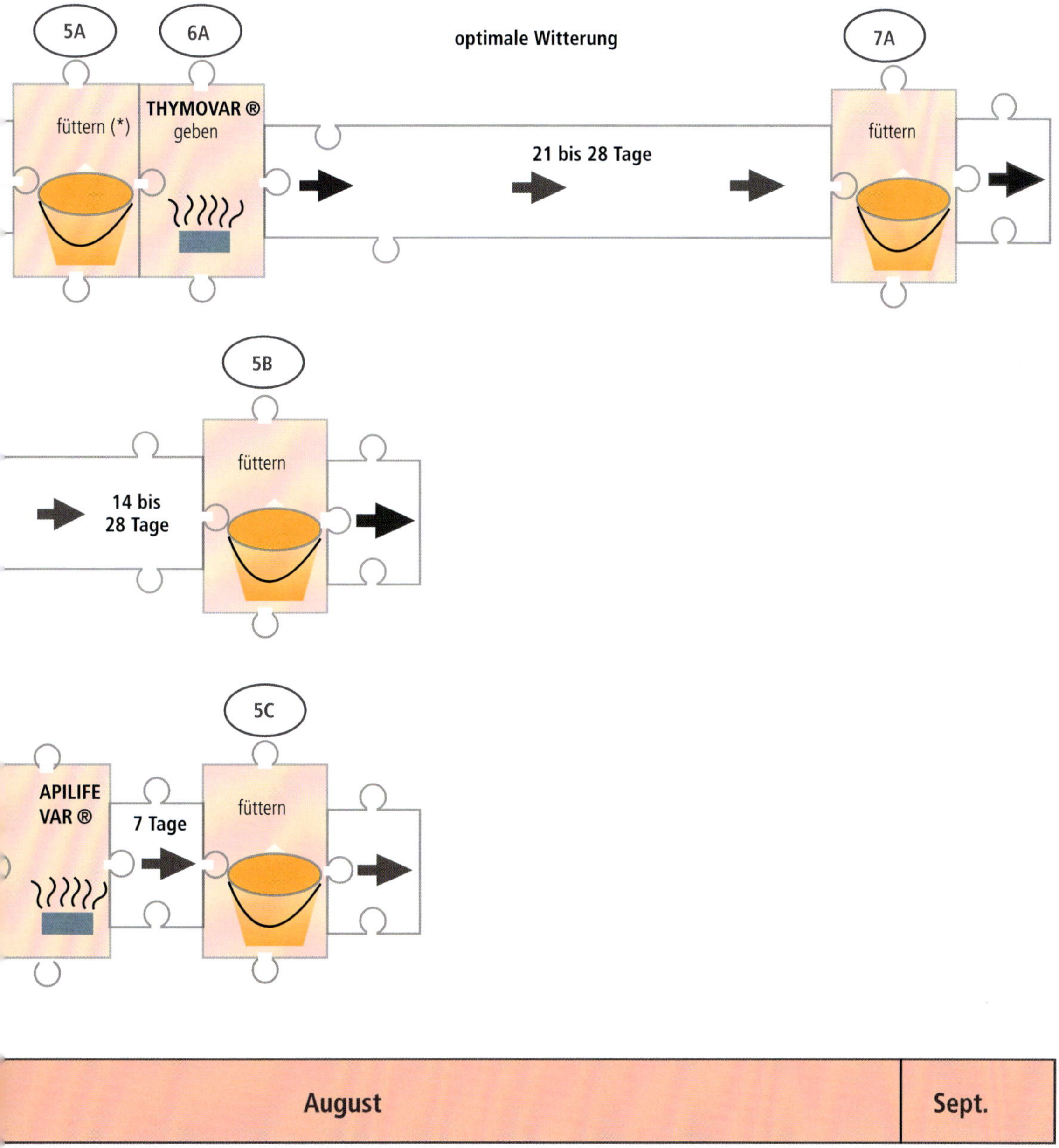

(*) Extra Pause zur Fütterung, falls während der Thymovar® Anwendung kein Futter abgenommen wird.

#04 BRUTPAUSE DURCH ENTWEISELUNG

Prinzip

– 100 % biotechnisch
– zum Teil kombinierbar mit Sommerbehandlung mit „sanfter Chemie"

Im Volk wird eine brutlose Phase durch durch die Entnahme der Königin „ausgelöst", also durch Entweiselung des Volkes. Das „Nachziehen" einer neuen Königin bedeutet eine brutlose Phase von (rund) 30 Tagen Dauer für das Bienenvolk, bis die neue Königin nach ihrem Begattungsflug in Eiablage geht: Nachdem die vorhandene Brut und damit die Varroamilben aus den Brutzellen geschlüpft sind, nimmt die Anzahl der Varroamilben durch deren „Überalterung" leicht ab. Außerdem werden einige Milben in dieser „Wartezeit" steril und können sich nicht weiter vermehren. Auch werden Milben durch das Putzverhalten der Bienen „beseitigt" oder beschädigt.

Jahreszeit

Jan.	Feb.	März	April	**Mai**	**Juni**
Juli	Aug.	Sept.	Okt.	Nov.	Dez.

Verringerung der Varroa-Population

Die Milben werden an ihrer Vermehrung gehindert und „leiden" unter der brutlosen Phase.

Witterungsabhängigkeit der Methoden

Fast völlig witterungsunabhängig – nur zur Begattung der jungen Königin ist Flugwetter erforderlich.
Bei nachfolgenden Behandlungen mit „weicher" Chemie besteht bei einer Sprühbehandlung keine, mit Ameisensäure jedoch eine starke Witterungsabhängigkeit.

Einfluss auf die Schwarmneigung

Ein weiselloses Volk schwärmt nicht, wenn nur eine Weiselzelle vorhanden ist: Durch die Reduzierung der Anzahl an Weiselzellen wird das Schwärmen für eine Zeit lang ausgeschlossen. Nur beim Übersehen einer Weiselzelle besteht Schwarmgefahr!

Wabenerneuerung

Bei gutem Timing kann man die alten oder dunklen Waben (besonders Brutwaben, nun brutfrei) komplett entnehmen und durch Mittelwände oder helle/ausgeschleuderte Waben ersetzen.

Königinerneuerung

Das Volk erhält eine neue Königin, wenn alles glatt läuft!
Hinweis: Wer die alte Königin in einem Königinnenableger „parkt", hat eine Reservekönigin, falls die Umweiselung oder Begattung nicht klappt.

Einfluss auf die Völkerzahl

Keine weiteren Völker

Benötigtes Material

Für den Austausch der leeren (Brut-)Waben werden Mittelwände oder helle (ausgeschleuderte und ausgeleckte) Waben benötigt.

In verschiedenen Beuten möglich

In allen Beuten mit beweglichen Waben möglich.

Schwierigkeitsgrad

Einfach – Voraussetzung ist, dass man die alte Königin findet und beim Reduzieren

Sprühbehandlung des brutlosen Volkes.

Zur Entweiselung ist der Clip praktisch.

Ausbrechen übriger Weiselzellen – bis auf eine!

der Weiselzellen keine unerwünschte, zusätzliche Weiselzelle übersieht. Mit gezeichneter Königin und Abfegen der Brutwaben beim Suchen und Ausbrechen von Weiselzellen wird es einfacher!

Zeitbedarf

Das Verfahren erfordert eine gewisse Konzentration bei den Schritten der Entweiselung und der Reduzierung der Weiselzellen. Durch die wegfallende Schwarmgefahr spart man aber dadurch Kontrollen und somit Zeit!

Kollidieren die Maßnahmen mit der Honigernte?

Honigmenge: Die Brutpause bedeutet eine Abnahme der Honigmenge. Bei einem guten Timing fällt jedoch die Abnahme der Bienenpopulation durch die Brutpause schon in die Zeit nach der letzten Honigernte: Keinen/kaum Einfluss auf die Honigmenge. Bei ungünstigem Timing fällt die Honigernte kleiner aus, weil Flugbienen fehlen.
Rückstände im Honig: Vor der letzten Honigernte sollte nicht behandelt werden (siehe S. 133).

Vorteil des Verfahrens

Kombination von Königin- und Wabenerneuerung sowie Schwarmverhinderung

Nachteil des Verfahrens

Bei einem früheren Start kann es passieren, dass der Schwarmtrieb nach dem Verfahren noch nicht abgeklungen ist.
Bei ungünstigem Timing fällt die (eine) Honigernte kleiner aus, da zum Zeitpunkt der Massentracht nicht genügend Flugbienen zur Verfügung stehen.

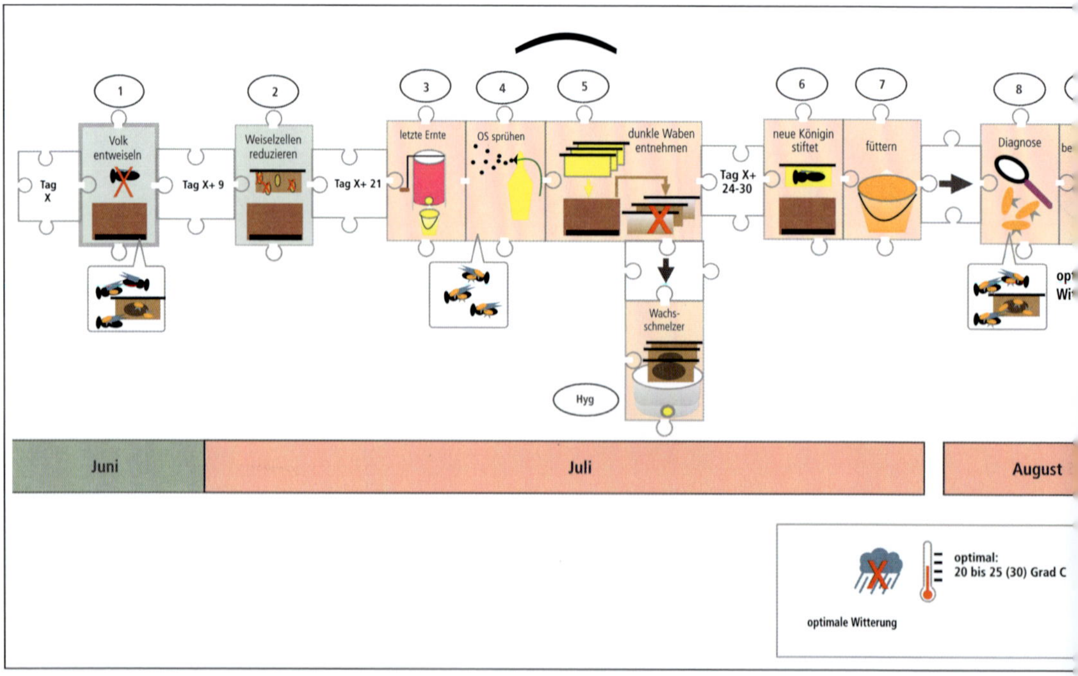

#04 Brutpause durch Entweiselung (Nachziehen einer Königin)

ARBEITEN SCHRITT FÜR SCHRITT

(1) In diesem Beispiel wird das Verfahren 3 Wochen vor der geplanten letzten Honigernte begonnen: Das Wirtschaftsvolk wird entweiselt. Man muss die Königin finden und abdrücken.
Alternativ einen Königinnenableger bilden: Die Königin in einen Ablegerkasten mit Bienen, einer schlüpfenden Brutwabe und einer Futterwabe geben. Hier bleibt sie zur Sicherheit, falls keine neue Königin „entsteht".
(2) Nach 9 Tagen soll nur noch eine Weiselzelle im Volk bleiben, alle übrigen Weiselzellen werden ausgebrochen.
Tipp: Die Brutwaben abfegen, wenn man Mühe beim Finden der Weiselzellen hat!
(3) Bei gutem Timing, nach 21 Tagen oder auch eher (!), wird der Honig abgeerntet.
(4) Spätestens einen Tag später erfolgt die Sprühbehandlung mit Oxalsäure (siehe S. 142; alternative Behandlungsmethoden sind (4A) 2 Sprühbehandlungen mit Milchsäure (siehe S. 147), (4B) eine Oxalsäure-Verdampfung (siehe S. 142) oder (4C) und (4D) der Einsatz einer Fangwabe, die wenige Tage später nach Verdeckelung der Brutzellen entnommen und eingeschmolzen wird (siehe S. 76).

Die Bekämpfungsmaßnahmen sind direkt kombinierbar mit:
(5) Dem Austausch von dunklen (Brut-)Waben – möglich ist das Abschlagen der Bienen nach der Sprühbehandlung und dem Ersatz der entnommenen Waben durch Mittelwände oder helle (ausgeschleuderte und ausgeleckte) Waben.
(Hyg) Einschmelzen der dunklen Waben mit Sonnen- oder Dampfwachsschmelzer.
(6) Nach 24 – 30 Tagen stiftet die neue Königin nach erfolgreichem Begattungsflug.
(7) Start der Winterauffütterung und Anregen der Bruttätigkeit – Ziel ist der Aufbau einer gesunden Winterbienen-Population.
(8) Ab Anfang August unbedingt alle

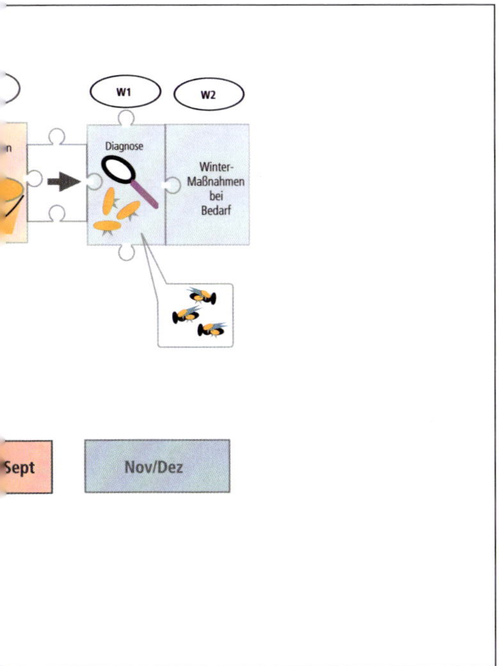

3 Wochen den natürlichen Milbenfall über 3 Tage überprüfen: Fallen mehr als 5 Milben pro Tag, sollte bald, bei 10 und mehr Milben pro Tag sofort behandelt werden. Die Milben sind überwiegend auf der Brut, aber auch auf den Bienen.
(9) Bei Bedarf Durchführung einer Varroabehandlung mit Ameisensäure bei hohem Milbenfall – die Witterungsbedingungen sollten für eine hohe Wirksamkeit optimal sein (siehe S. 136).

Alternative Behandlungsmethoden bei deutlich unter 10 Milben pro Tag: Thymolbehandlung (witterungsabhängig (!) siehe S. 149) oder eine Hyperthermiebehandlung der verdeckelten Brutwaben (siehe S. 116).
(10) Anschließend weiter füttern, damit das Brüten angeregt und weiter Wintervorräte angelegt werden.
(W1) Kontrolle des natürlichen Milbenfalls und damit auch der Bruttätigkeit des Volks im November/Dezember. Ist das Volk brutlos, dann sitzen alle Varroamilben auf den Bienen.
(W2) Die Winterbehandlung wird bei Bedarf durchgeführt (siehe S. 121).

ALTERNATIVE BEHANDLUNGSMITTEL/METHODEN

Anstelle der Oxalsäure-Sprühbehandlung im Schritt (4), kann man zweimalig eine (4A) Milchsäure-Sprühbehandlung (siehe S. 147), das (4B) Verdampfen von Oxalsäure (siehe S. 142) vornehmen oder (4C) eine Fangwabe geben und diese nach Verdeckelung der Brut entnehmen (4D), abfegen und einschmelzen (siehe S. 76).
Die Ameisensäure-Behandlung im Schritt (9) können Sie durch (9A) eine Thymolbehandlung (siehe S. 149) oder (9B) eine Hyperthermie-Behandlung (siehe S. 116) ersetzen.
Bei der Auswahl von alternativen Behandlungsmitteln sollte man unbedingt die notwendigen Bedingungen beachten.

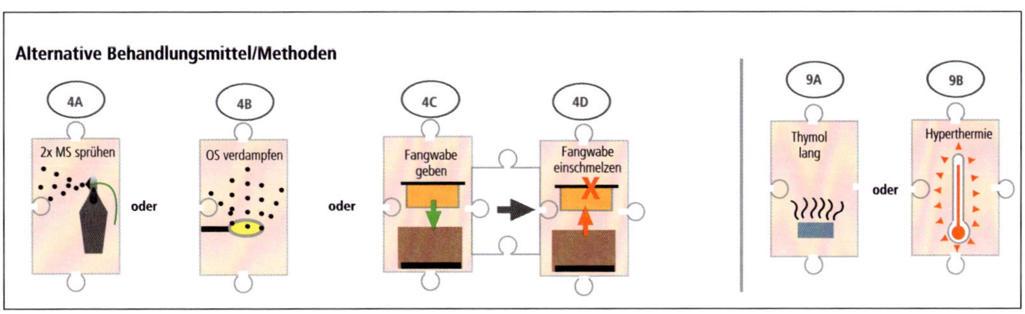

#04 Brutpause durch Entweiselung (Nachziehen einer Königin)

BRUTPAUSE DURCH ENTWEISELUNG
BRUTPAUSE DURCH 2 × 9-TAGE-METHODE
Tabellen zum Download

TYPISCHE FEHLER

— Das Übersehen einer oder mehrerer weiterer Weiselzellen beim Reduzieren der Zellen bedeutet meist Schwärmen.
— Wird die Maßnahme zu früh oder ungünstig begonnen, fehlen bei einer späteren Tracht Flugbienen: Die Honigernte fällt geringer aus.

VERLÄNGERTE BRUTPAUSE: 2 × 9-TAGE-METHODE NACH GOLZ

Die ersten zwei Schritte sind identisch mit dem Verfahren, aber dann wird die weisellose und brutfreie Phase um weitere 9 Tage verlängert. Zum Nachziehen der Königin verwendet man eine Brutwabe (Eiwabe) aus einem anderen (dem besten!) Volk. Dieses Verfahren sorgt absichtlich für eine zeitliche Verzögerung, denn viele Jungbienen im Volk sorgen für einen Überschuss an Futtersaft und fördern die Schwarmstimmung. Die Jungbienen altern und gehen anderen Arbeiten nach. Man kann steuern, von welchen Stiften/Rundmaden die Königin nachgezogen wird.
(1) Das Wirtschaftsvolk zeigt deutliche Anzeichen von Schwarmstimmunug.
(2) Entweiseln des Volkes und alle vorhandenen Weiselzellen/bestiftete Weiselnäpfchen brechen (Tag X).
(3) Nach 9 Tagen werden alle (!) Weiselzellen gebrochen – das Volk erhält aus einem anderen Volk eine Wabe mit jüngster offener Brut, Stiften oder jüngsten Rundmaden zum Nachziehen von Weiselzellen.
(4) Nach weiteren 9 Tagen (insgesamt 2 × 9 = 18 Tagen) soll nur noch eine (!) Weiselzelle im Volk bleiben: alle übrigen Weiselzellen werden ausgebrochen. Aus der verbleibenden Weiselzelle wird die zukünftige Königin schlüpfen.
(5) Nach Tag X + 33 – 39 Tagen legt die neue, begattete Königin ihre ersten Eier.
(6) Ein guter Zeitpunkt zum Austausch von dunklen (Brut-)Waben, da noch keine neue verdeckelte Brut vorhanden ist.
(Hyg) Einschmelzen der dunklen Waben mit Sonnen- oder Dampfwachsschmelzer.
(7) Letzte Honigernte, möglichst zeitnah zu (6).
(8) Oxalsäure-Sprühbehandlung entspricht Schritt (4) aus dem Schema #04 Brutpause durch Entweiselung, alternativ siehe (4A)

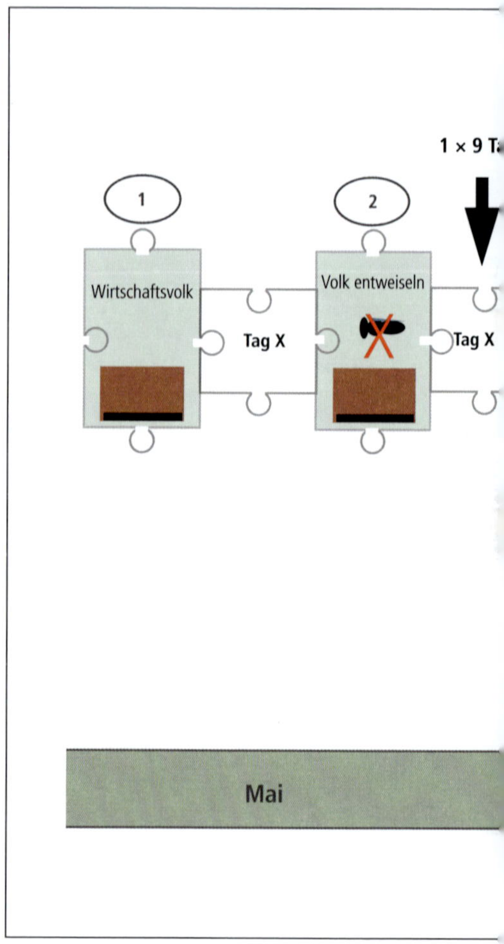

zwei Sprühbehandlungen mit Milchsäure, (4B) eine Oxalsäure-Verdampfung oder (4C) und (4D) der Einsatz einer Fangwabe, die wenige Tage später nach Verdeckelung der Brutzellen entnommen und eingeschmolzen wird (siehe S. 76). Weiterführung der Völker siehe #04 Brutpause durch Entweiselung

Typische Fehler

- Durch das Übersehen einer Weiselzelle beim ersten völligen Ausbrechen der Weiselzellen klappt die Verlängerung der brutlosen Phase nicht, es werden an der neu eingehängten Eiwabe keine Weiselzellen gebaut! Volk weiter beobachten, denn es besteht eine erhöhte Schwarmgefahr. Optionen für die Sommerbehandlung (nach der letzten Ernte) siehe S. 24.
- Die Maßnahme wird zu früh oder zu einem ungünstigen Zeitpunkt begonnen, dadurch fehlen bei einer späteren Tracht Flugbienen: Die Ernte wird entsprechend kleiner ausfallen. Das kann auch „Experten" passieren, denn Trachtpflanzen und Sammelflüge sind von der Witterung abhängig.

Bedenke: Vom Ei bis zur Sammlerin benötigt einen zeitlichen Vorlauf von 40 Tagen – solange im Voraus kann man nur grob spekulieren, ob das Timing gut ist/wird!

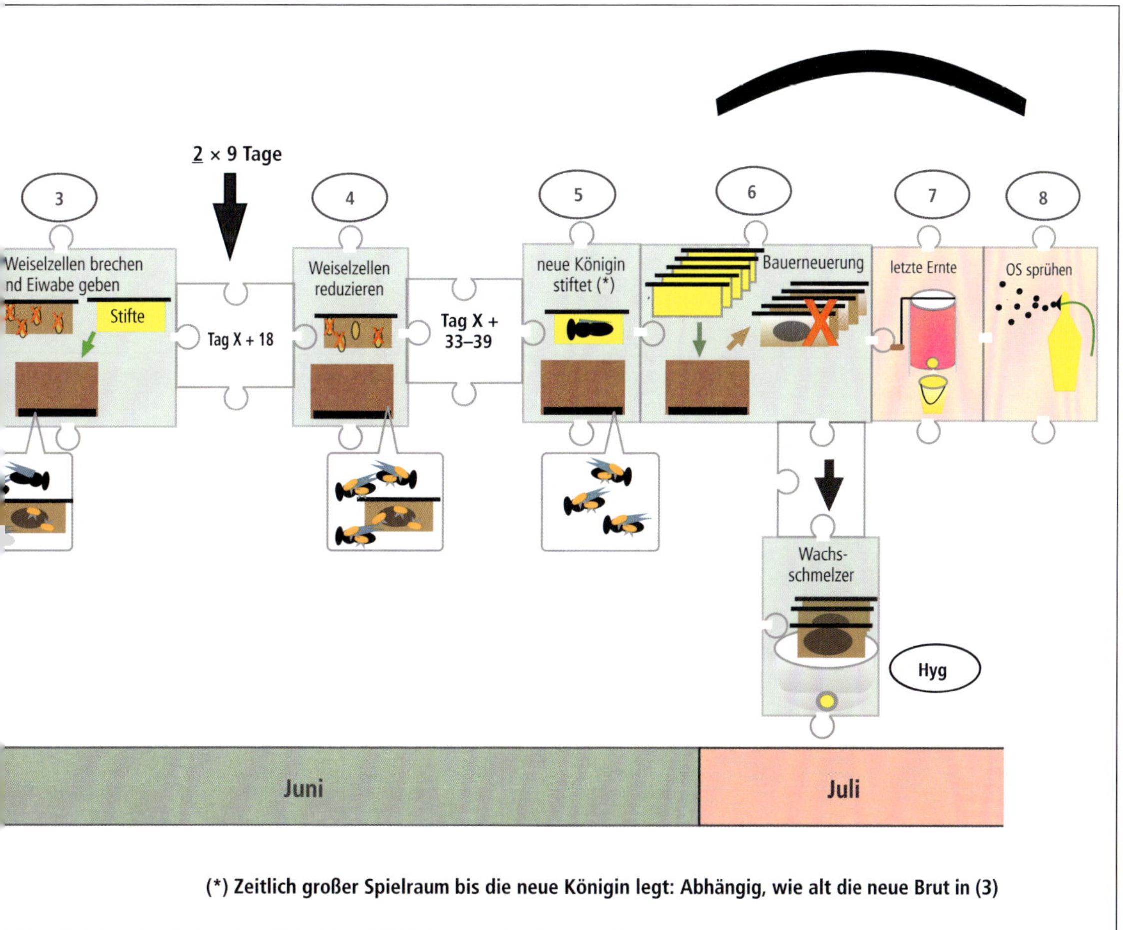

Schema Bekämpfung #04 Verlängerte Brutpause durch die 2 × 9 Tage-Methode nach Golz

#05 BRUTPAUSE MIT GEKÄFIGTER KÖNIGIN

Prinzip

– biotechnisch und „weiche Chemie" kombiniert

Die Königin wird 25 Tage lang in einem speziellen Käfig eingesperrt: Die hierdurch erzeugte künstliche Brutpause (Brutunterbrechung) führt zum Schlupf der gesamten Bienenbrut samt Varroamilben. Die Milben werden anschließend z. B. mit einer Oxalsäure-Sprühbehandlung effektiv und „arm" an Nebenwirkungen bekämpft. Die lange Brutpause führt auch zum Entstehen langlebiger Bienen, da über viele Tage keine Brutaufzucht mehr nötig war: Deshalb kann das Volk trotz Brutpause ohne starken Bienenverlust existieren.

Jahreszeit

Jan.	Feb.	März	April	Mai	Juni
Juli	**Aug.**	Sept.	Okt.	Nov.	Dez.

Verringerung der Varroa-Population

sehr starker Effekt zur Verkleinerung der Milbenanzahl

Witterungsabhängigkeit der Methode

völlig witterungsunabhängig

Einfluss auf die Schwarmneigung

Beginn der Methode (meist) erst nach Ende der Schwarmzeit

Wabenerneuerung

komplettes Wabenwerk im Brutraum möglich

Königinerneuerung

— keine Verjüngung der Königin

Königin im Scalvini-Käfig – Arbeiterinnen können zu ihr durch das Absperrgitter.

— am Anschluss der „Käfigung“ kann man jedoch die Königin einfach austauschen

Einfluss auf die Völkerzahl

nein

Benötigtes Material

nur ein spezieller Königinnen-Käfig und Mittelwände/ausgeschleuderte Waben zum Wabenwechsel

In verschiedenen Beuten möglich

in allen Beuten mit beweglichen Waben

Schwierigkeitsgrad

einfach, man muss jedoch die Königin finden können

Zeitbedarf

sehr gering, nachdem die Königin gekäfigt ist

Kollidiert die Maßnahme mit der Honigernte?

Nein! Bei einem guten Timing der Methode haben mehr Bienen Zeit zum Sammeln und Einlagern des Honigs – bestenfalls fällt die Ernte größer aus!

Vorteile des Verfahrens

- Das Bienenvolk bleibt komplett erhalten.
- Nach dem Käfigen braucht man wenig Zeit für das Bienenvolk.
- Mit Glück erntet man mehr Honig.
- Man vermeidet eine Ablegerbildung bzw. Vergrößerung der Imkerei (steigenden Material- und Zeitbedarf).

Nachteile des Verfahrens

- In wenigen Fällen legt die Königin nicht mehr nach der Brutpause.
- Angeblich besteht die Gefahr einer „Eierstockentzündung“ für die Königin – hierzu liegen jedoch keine Forschungsergebnisse vor!

ARBEITEN SCHRITT FÜR SCHRITT

(1) Das Wirtschaftsvolk braucht noch nicht abgeerntet zu sein, dies kann noch bis zur Sprühbehandlung (Schritt (4) am Tag X + 25) erfolgen und so bestenfalls zu einer größeren Ernte führen. Die meisten Milben sind jetzt in der verdeckelten Brut, nur wenige Milben sind auf den Bienen im Stock.
(2) Am Tag X wird die Königin gesucht und in den speziellen Käfig (z. B. Scalvini-Käfig) gesetzt, dieser wird verschlossen. Eine dunkle (feste) Wabe erhält mit einem Messer ein Fenster, in das der Käfig gedrückt wird. Diese Wabe kommt mittig in das Bienenvolk. Zur Sicherheit sollten alle Waben zum letzten Mal auf Weiselzellen abgesucht werden. Das Absperrgitter zum Honigraum wird entfernt, denn die Königin kann ihren Käfig nicht verlassen. Das erleichtert den Bienen den Honigeintrag!
(2A) Letzte Honigernte vor der Sprühbehandlung. Die ausgeschleuderten Honigwaben kann man von den Bienen putzen lassen, wieder entnehmen und beim Wabenwechsel (Schritt 5) in den Brutraum geben (siehe Variante unten).
(3) Die Schritte (3) und (4) kann man in einem Arbeitsgang durchführen: Nach 25 Tagen, bevor man die Königin freigibt, wird die Sprühbehandlung mit Oxalsäure bei möglichst wenig/keinem Bienenflug durchgeführt (morgens oder abends; siehe S. 142). Es sitzen momentan alle Milben auf den Bienen (keine Brut).
(4) Dabei kann man die Bienen auf den alten Waben mit Oxalsäure ansprühen und anschließend die Bienen in die Beute stoßen. Die alten Waben nicht mehr in das Bienenvolk zurückgeben, sondern zum Einschmelzen verpacken (Wabentausch (Hyg)). Die Bienen erhalten sofort Mittelwände oder ausgeschleuderte und ausgeleckte Honigwaben.
Tipp: Wem das zuviel Arbeit auf einmal ist, der erledigt die Schritte 3 und 4 mit einem Tag Abstand.

(5) Freigeben der Königin: Es reicht das Öffnen des kleinen Ausgangs – man kann aber auch den gesamten Käfig öffnen und die Königin auf die Oberträger laufen lassen. Die Wabe mit dem Käfig wird jetzt oder später durch eine Mittelwand/Leerwabe ersetzt. Die komplette Brut ist geschlüpft!
(6) Start der (Winter-)Auffütterung – mit kleinen Mengen (3 – 4 kg Sirup/Zuckerwasser beginnen), später steigern: Es sollte immer genügend Platz zum Brüten vorhanden sein.
(7) Alle 3 Wochen eine (Gemüll-)Diagnose durchführen, denn Räuberei und Verflug können verstärkt zur „Milben-Re-Invasion" führen. Ab > 5 Milben pro Tag wachsam bleiben, ab > 10 Milben pro Tag sofort behandeln.
(8) Bei Bedarf eine Varroa-Behandlung durchführen: Mit Ameisensäure, Thymol, Oxalsäure Verdampfen oder Hyperthermie. Bei hoher Milbenbelastung (> 10 Milben pro Tag) ist die Ameisensäure die schnellste und effektivste Lösung (siehe S. 136).
(9) Fortsetzung der Winter-Auffütterung soweit und solange erforderlich ist.
(W1) (Gemüll-)Diagnose in der brutlosen Zeit im November/Dezember.
(W2) Winterbehandlung nach Bedarf (siehe S. 121).

ALTERNATIVE BEHANDLUNGEN/ ABWANDLUNGEN

Behandlungsschritt (3): Anstelle der einmaligen Oxalsäure-Sprühbehandlung kann man zweimal Milchsäure sprühen ((3A) siehe S. 147), einmal Oxalsäure verdampfen ((3B) siehe S. 142) oder eine Fangwabe (3C) geben und diese nach wenigen Tagen, nach der Verdeckelung der Brut, wieder entnehmen ((3D) siehe S. 76).
Behandlungsschritt (8): Eine Ameisensäure-Behandlung sollte wegen der Geschwindigkeit und Wirksamkeit nur durch andere Verfahren ersetzt werden, wenn die Milbenbelastung nicht hoch ist (< 5 Milben

01

02

pro Tag). Als Alternativen kommt eine Hyperthermie-Behandlung infrage (S. 116).

Variante Königinnen-Tausch (ohne Abbildung): Beim Arbeitsschritt (5) kann man die Königin samt Käfig aus dem Volk nehmen und eine neue, junge begattete Königin im Zusetzkäfig oder Versand-Käfig unter Futterteigverschluss mittig ins Volk hängen!

KOSMOS PLUS

BRUTPAUSE MIT GEKÄFIGTER KÖNIGIN

Tabelle zum Download

03

TYPISCHE FEHLER

— Falschen Käfig verwendet: In einfachen Versand- oder Zusetzkäfigen, die keinen direkten Bienenkontakt innerhalb des Käfigs und keine Eiablage der Königin ermöglichen, klappt das Verfahren nicht. Die Königin wird von den Bienen attackiert, legt nicht mehr, wird drohnenbrütig oder stirbt. (Es ist daher unerheblich, dass die Brut sich nicht bis zum Schluss entwickeln kann!)
Besser: nur Spezial-Käfige verwenden.

— Das Verfahren zu früh begonnen, es wird während der Phase des Käfigens noch viel Tracht eingetragen. Die Sprühbehandlung würde mit der Honigernte kollidieren.
Besser: auf die Oxalsäure Sprühbehandlung verzichten, nach der Honigernte eine effektive Ameisensäure-Behandlung durchführen.

— Verzicht auf eine weitere Behandlung im September nach Abschluss des Verfahrens, weil man glaubt, genug gegen die Milben getan zu haben.
Besser: Die Varroasituation alle drei Wochen über die (Gemüll-)Diagnose beobachten/messen und bei Bedarf behandeln!

04

01 In die Brutwabe ein „Fenster“ schneiden.

02 Der Käfig mit Königin wird in das „Fenster“ gedrückt – die Käfig-Öffnung ist verschlossen!

03 Nach 25 Tagen ist die gesamte Brut geschlüpft.

04 Die Königin legt einige Eier in den Käfig auf den Boden: Die Brut wird von Bienen ausgefressen (Reinigung in der Spülmaschine/Natronlauge).

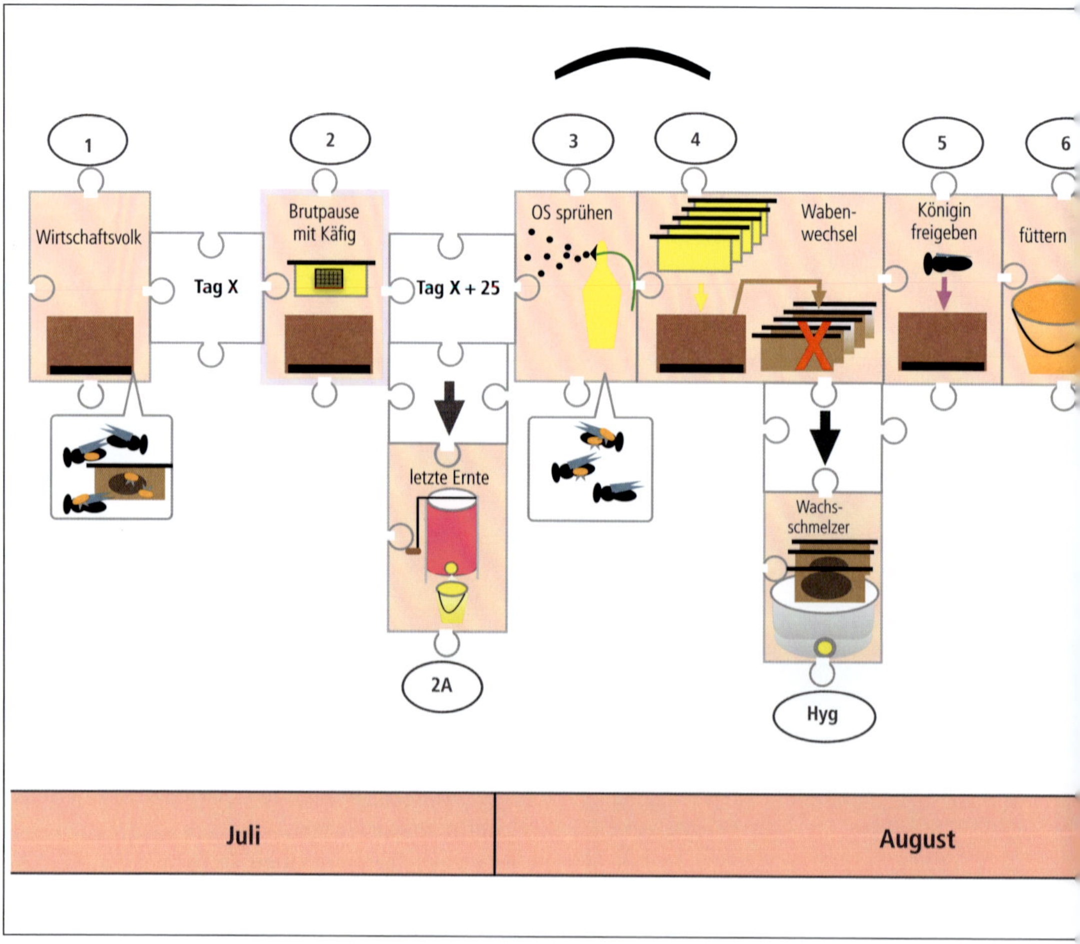

#05 Brutpause mit gekäfigter Königin

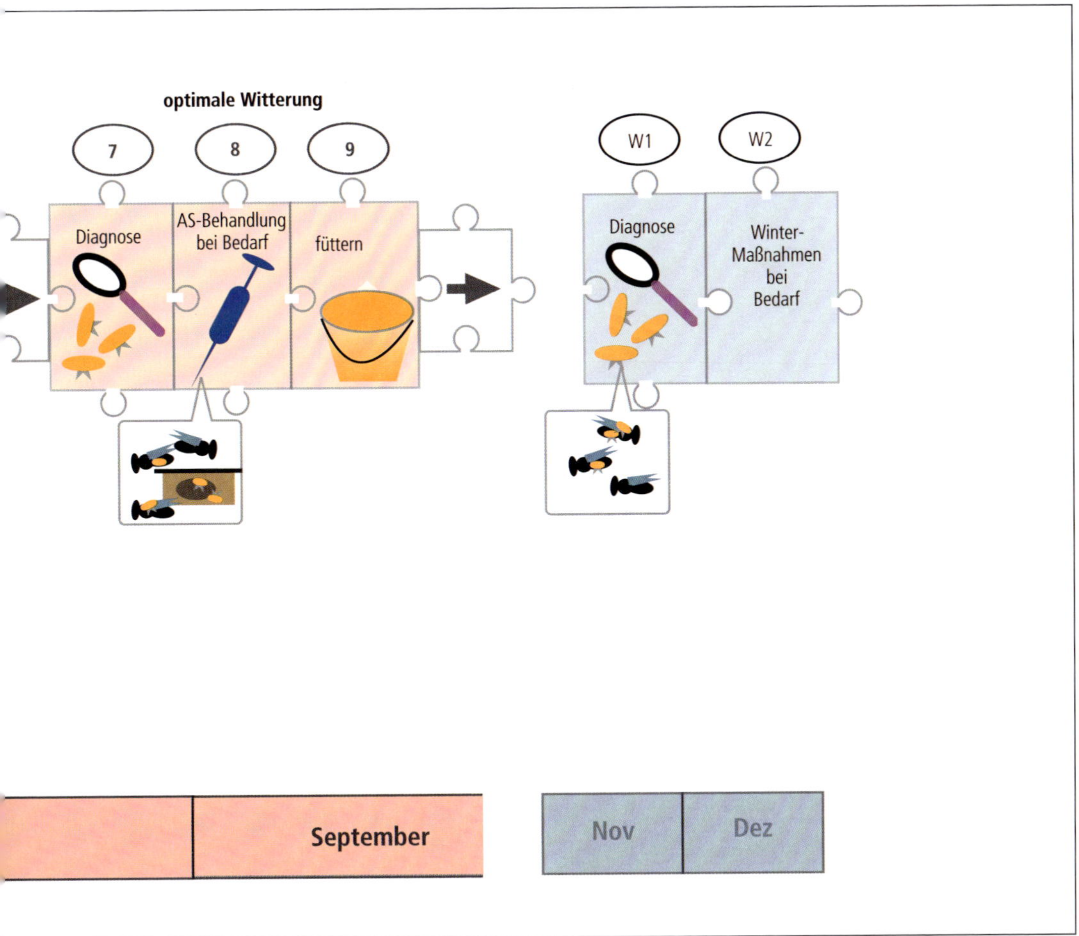

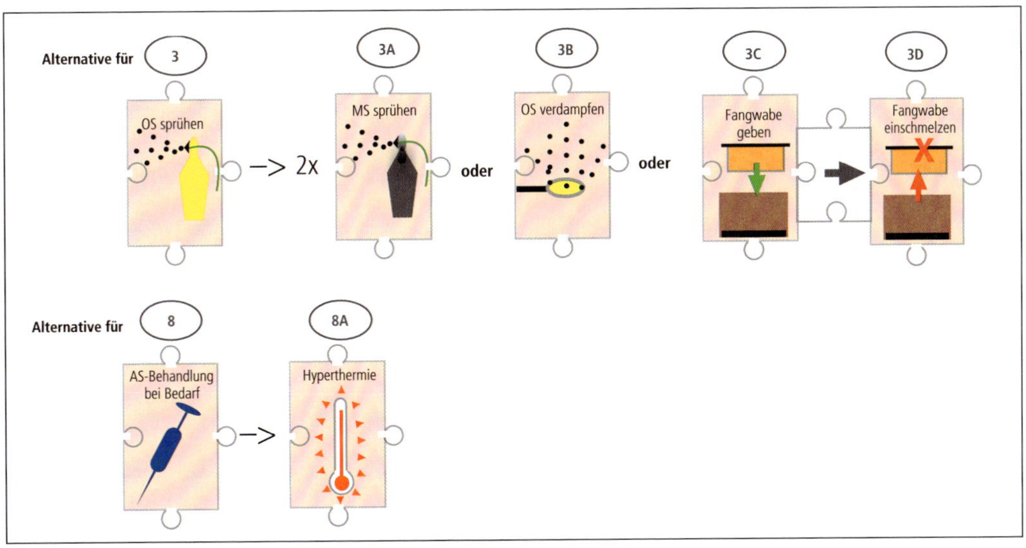

#05 Brutpause mit gekäfigter Königin – Ergänzung

#06 BRUTPAUSE UND FANGWABE

Prinzip
– 100 % biotechnisch
Im Volk wird vor dem Einsatz einer Fangwabe eine Brutpause „eingeleitet“, was durch sehr unterschiedliche Maßnahmen erfolgen kann.
Das brutlose Volk („Empfänger-Volk“) bekommt „zum Anlocken und Fangen“ der Varroamilben eine offene Drohnen- oder Arbeiterinnenwabe mit Rundmaden aus einem anderen Volk („Spender-Volk“). Die Varroamilben klettern in die Brutzellen der Fangwabe und sind dort nach der Zellverdeckelung zusammen mit der Bienenlarve „gefangen“. Die Fangwabe wird vor dem Schlupf der Drohnen- oder Arbeiterinnen abgefegt und eingeschmolzen. Der Einsatz einer Bannwabe (siehe #07) kann als systematischer Einsatz mehrerer Fangwaben hintereinander angesehen werden.

Die offenen Brutzellen „locken“ die Varroamilben an.

Jahreszeit

Jan. Feb. März **April** **Mai** **Juni**
Juli **Aug.** Sept. Okt. Nov. Dez.

Verringerung der Varroa-Population
Je länger die Brutpause/brutfreie Phase gedauert hat, desto mehr Milben werden mit der Fangwabe vernichtet; eine zweite Fangwabe erhöht den Wirkungsgrad der Methode, solange im Volk keine andere Brut vor der Verdeckelung steht.

Witterungsabhängigkeit der Methoden
völlig witterungsunabhängig

Einfluss auf die Schwarmneigung
Eine Brutpause oder brutfreie Phase bremst im Volk die Schwarmneigung, sofern dies im Frühjahr passiert. Ab Juli ist die Schwarmneigung meist beendet.

Wabenerneuerung
Bei gutem Timing kann man die alten oder dunklen Waben (besonders Brutwaben, nun brutfrei) komplett entnehmen und durch Mittelwände oder helle/ausgeschleuderte Waben ersetzen.

Königinerneuerung
Je nach „Ursache“ der Brutpause oder brutfreien Phase bleibt im Volk die alte Königin

oder es erhält eine neue Königin. Die Fangwabe hat auf dieses Geschehen keinen Einfluss.

Einfluss auf die Völkerzahl
Keine weiteren Völker

Benötigtes Material
Man benötigt aus einem anderen Volk eine (oder eine halbe) Drohnenbrut- oder Arbeiterinnen-Wabe mit Rundmaden, die kurz vor der Verdeckelung stehen

In verschiedenen Beuten möglich
In allen Beuten mit beweglichen Waben möglich.

Schwierigkeitsgrad
Einfach, denn man muss für den Gebrauch der Fangwabe keine Königin finden: Die Fangwabe wird aus dem „Spender-Volk" bienenfrei entnommen und nach der Zellverdeckelung im „Empfänger-Volk" ebenfalls bienenfrei abgefegt.
Evtl. muss jedoch für die Herstellung der brutfreie Phase des Volkes die Königin gefunden werden.

Zeitbedarf
Das Verfahren erfordert das Suchen einer geeigneten Brutwabe im „Spender-Volk" und die Entnahme im „Empfänger-Volk" vor dem Schlupf der Brut.

Kollidieren die Maßnahmen mit der Honigernte?
Das Verfahren funktioniert rein biotechnisch ohne Chemie und stellt deshalb keine Gefahr für den Honig (Honigmenge und Rückstände) dar!

Vorteil des Verfahrens
rein biotechnisch, keine chemische Belastung der Bienen, eine anstehende Honiggewinnung wird hierdurch nicht behindert.

Eine Fangwabe kann eine Sprühbehandlung ersetzen!

Nachteil des Verfahrens
Bei einem früheren Start oder bei ungünstigem Timing fällt die Honigernte kleiner aus, da zur Massentracht nicht genügend Flugbienen zur Verfügung stehen.

ARBEITEN SCHRITT FÜR SCHRITT

Voraussetzung für den Einsatz einer Fangwabe ist eine Brutpause oder brutfreie Phase des Bienenvolkes – diese kann auf verschiedenen Wegen erreicht werden, teilweise nach Schlupf der restlichen Brut:
A – natürliches Schwärmen des Volkes; das zurückbleibende Volk ist nach Schlupf der Brut brutfrei bis die nachfolgende Jungkönigin nach der Begattung mit der Eiablage beginnt,
B – ein völlig brutfreier Start; ein eingefangener Naturschwarm oder gebildeter Kunstschwarm (siehe S. 108) oder die Bildung eines Fluglings (siehe S. 92),
C – nach der Entweiselung des Volkes durch Entnahme der Königin (siehe S. 64),
D – das Käfigen der Königin (siehe S. 70),
E – die Bildung eines Brutablegers (siehe S. 46) oder Brutlings (siehe S. 92),
F – die Entnahme aller Brutwaben, z. B. bei der „Totalen Brutentnahme" (siehe S. 100).

(1) Am Tag X sollte das Volk brutfrei sein oder maximal Stifte (keine Rundmaden!) enthalten – notfalls kann man Brutflächen oder Brutwaben mit verdeckelter Brut entnehmen (einschmelzen oder in einem anderen Volk behandeln). Diese Brut würde den Wirkungsgrad der Fangwabe herabsetzen, da in der verdeckelten Brut Milben sein können!
(2) Leerwaben, besonders dunkle Brutwaben, können problemlos abgefegt und eingeschmolzen werden (Wabenhygiene). Die entnommenen Waben werden durch Mittelwände oder ausgeschleuderte und ausgeleckte Honigwaben ersetzt.
Tipp: Arbeitsschritt (2) kann auch bereits vor Tag X durchgeführt werden.
(3) Fangwaben-Verfahren:
(3A) Die Fangwabe, eine Drohnen- oder Arbeiterinnen-Brutwabe mit offener Brut und möglichst vielen großen Rundmaden (kurz vor der Zellverdeckelung) wird aus einem „Spendervolk" entnommen, abgefegt und mittig in das brutfreie Volk („Empfängervolk") gestellt.
Tipp: Drohnenbrut hat eine größere „Fangwirkung" als Arbeiterinnenbrut; falls vorhanden, reicht auch eine halbe Wabe Drohnenbrut! Hat man keine Drohnenbrut zur Hand, muss Arbeiterinnenbrut reichen!
(3B) Einige Tage später, auf jeden Fall nach der Verdeckelung, aber vor (!) dem Schlupf der Brut, wird die Fangwabe entnommen, abgefegt und eingeschmolzen (wegen Schädigung der Bienen durch die Varroamilben empfiehlt sich nicht das Schlüpfenlassen und Behandeln der Fangwabe in einem anderen Volk/Ableger!). Die meisten Milben des Volkes sind nun mit der Fangwabe aus dem Volk geholt worden.
(4) Je nach Situation des Volkes oder der Methode zur Schaffung der Brutpause/Brutfreiheit legt eine neue Königin oder die alte Königin wird freigelassen.

Weitere Völkerführung

- Ab Juli unbedingt alle 2–3 Wochen den natürlichen Milbenfall über 3 Tage überprüfen: Fallen mehr als 5 Milben pro Tag, sollte bald, bei 10 und mehr Milben pro Tag sofort behandelt werden (siehe S. 54).
- Fütterung zum Anlegen der Wintervorräte.
- Winterbehandlung bei Bedarf (S. 121)

KOSMOS PLUS

BRUTPAUSE UND FANGWABE
Tabelle zum Download

01

02

03

01 Die offene Brut der Fangwabe lockt Milben an – Drohnenbrut ist effektiver als Arbeiterinnenbrut.

02 Noch nicht völlig verdeckelte Fangwabe – noch warten!

03 Jetzt die völlig verdeckelte Fangwabe entnehmen und einschmelzen, bevor Bienen mit Milben schlüpfen.

Variante des Fangwaben-Verfahrens

— Einsatz einer 2. Fangwabe: Nach der Entnahme der 1. Fangwabe (Schritt 3B) wird erneut eine Fangwabe in das Volk gegeben und diese nach wenigen Tagen entnommen. Hierdurch wird der Wirkungsgrad des Verfahrens erhöht, also noch mehr Milben aus dem Volk geholt.

— Das Bannwabenverfahren (siehe S. 82) ist ein spezielles Fangwaben-Verfahren.

TYPISCHE FEHLER

— Im „Empfängervolk“ war noch verdeckelte Brut, die erst nach Entnahme der Fangwabe geschlüpft ist – samt Varroamilben.

— Die Fangwabe wurde gar nicht oder zu spät aus dem „Empfängervolk“ genommen, sodass Bienen samt Milben schlüpfen konnten.

— Nach der Fangwabe keine (weitere) Sommerbehandlung bei Bedarf durchgeführt: Durch Räuberei und Verflug wurden wieder (viele) Milben ins Volk gebracht.

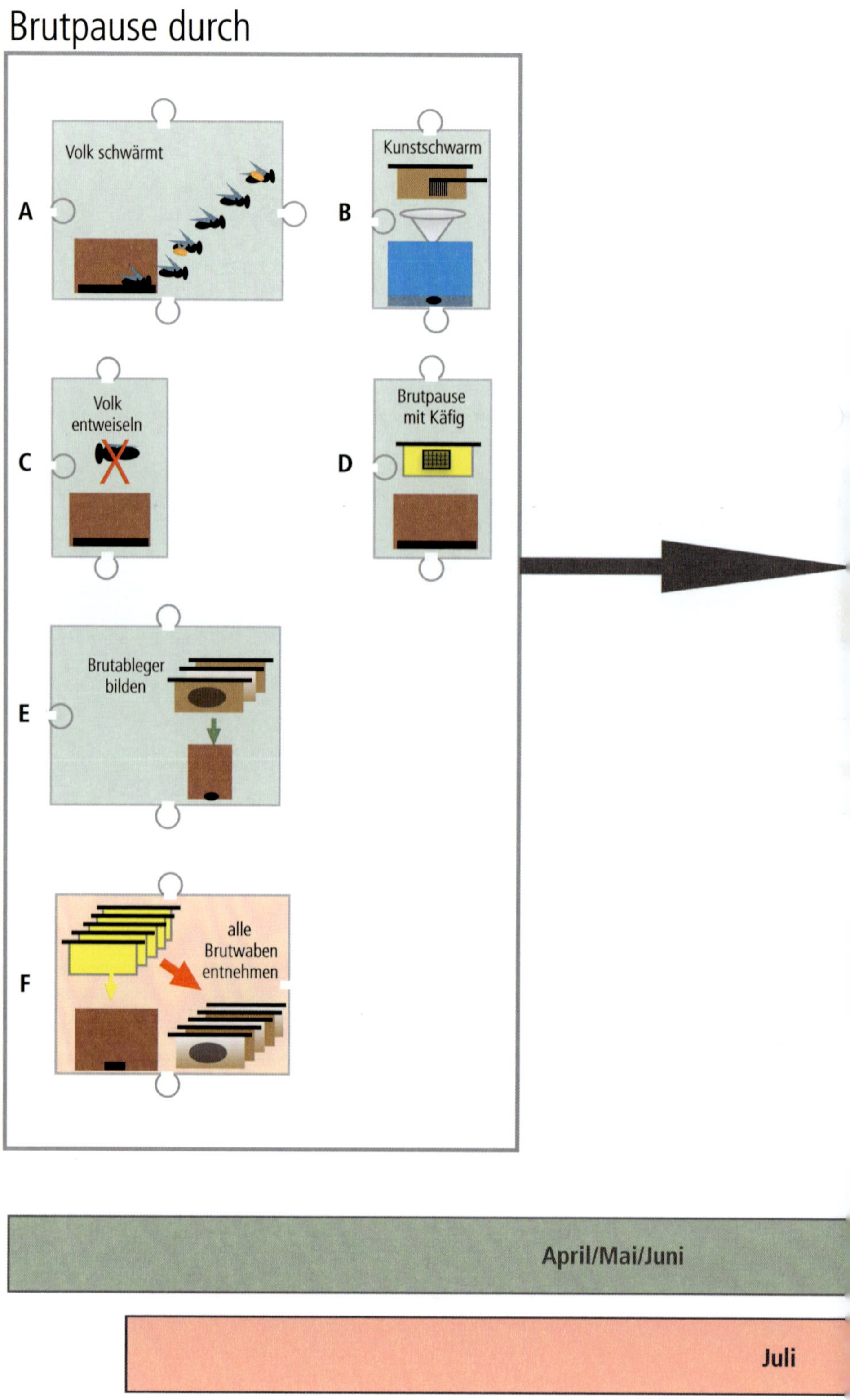
Brutpause durch
A
Volk schwärmt
B
Kunstschwarm
C
Volk entweiseln
D
Brutpause mit Käfig
E
Brutableger bilden
F
alle Brutwaben entnehmen
April/Mai/Juni
Juli

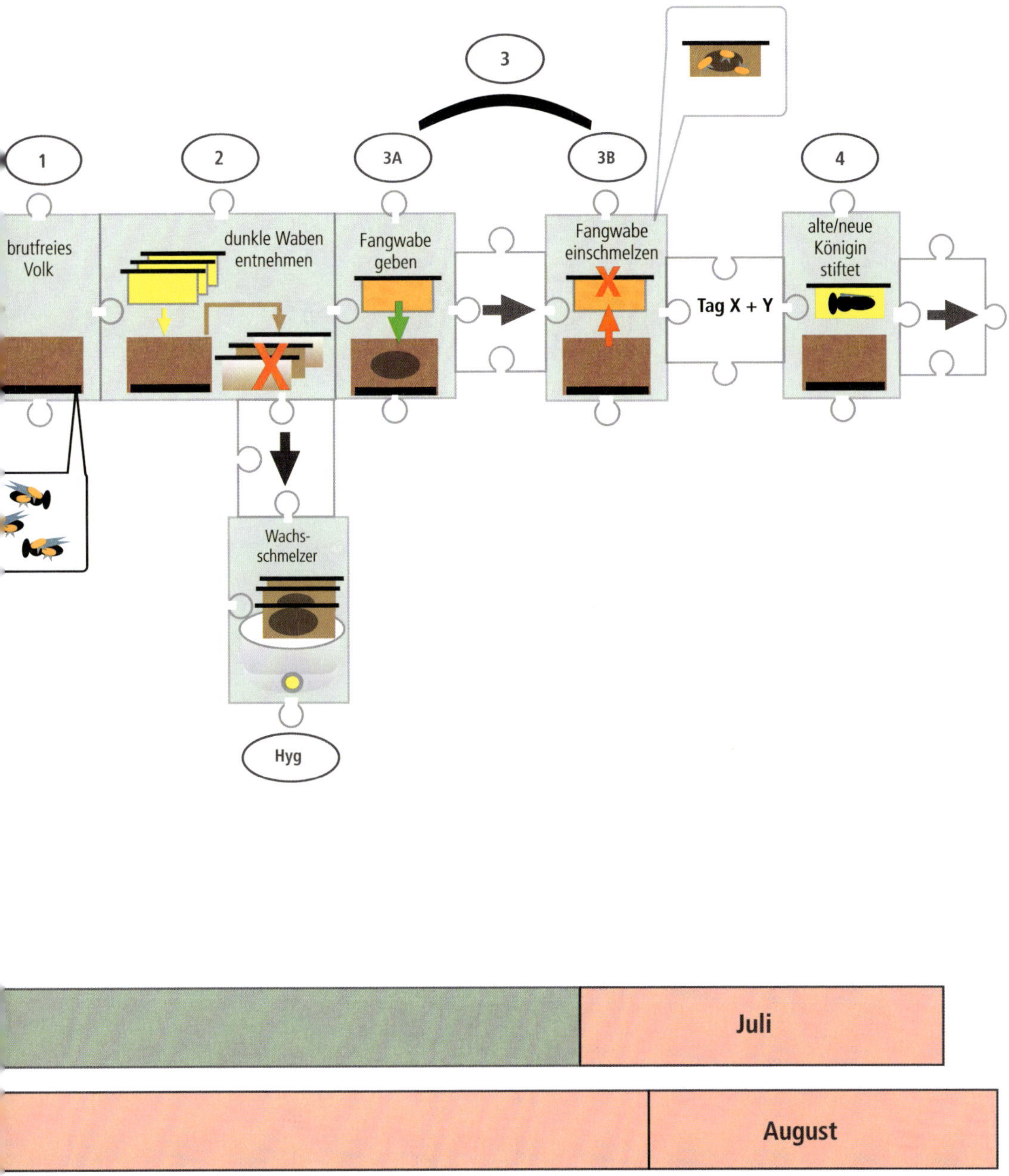
3
1
2
3A
3B
4
brutfreies Volk
dunkle Waben entnehmen
Fangwabe geben
Fangwabe einschmelzen
Tag X + Y
alte/neue Königin stiftet
Wachs-schmelzer
Hyg
Juli
August

#07 BANNWABENVERFAHREN

Prinzip

– 100 % biotechnisch
– biotechnisch und „weiche Chemie“ kombiniert (Variante 2)

Die Königin wird auf einer Leerwabe in einer Bannwaben-Tasche „eingesperrt“ (gebannt) und kann nur dort Eier legen – Arbeiterinnen haben freien Zugang zur Bannwabentasche. Diese Wabe wird in einem festen Rhythmus z. B. alle 9 Tage (oder 7 Tage) gegen eine leere Wabe zum weiteren Eierlegen ausgetauscht. Die ausgetauschte Wabe bleibt bis zur Verdeckelung der Brut im Volk: Die Varraomilben nutzen diese Brutwaben für ihre Vermehrung, weil es nach 9 Tagen nur in der Bannwabe offene Brut gibt, und sitzen „in der Falle“, wenn die Wabe eingeschmolzen wird. Die Königin kommt erst am Ende des Verfahrens nach 27 oder 28 Tagen frei.

Variante 2: Die Königin bleibt zweimal für 11 Tage auf einer Bannwabe, die bei der Entnahme bereits verdeckelte Brut enthält und direkt eingeschmolzen wird. Nach 22 Tagen wird die Königin freigegeben und eine Varroa-Sprühbehandlung durchgeführt.

Jahreszeit

Jan. Feb. März April Mai **Mitte/Ende Juni** **Juli** (Aug.) Sept. Okt. Nov. Dez.

Verringerung der Varroa-Population

starker Effekt auf die Milbenzahl

Witterungsabhängigkeit der Methode

völlig unabhängig von der Witterung

Die Bannwabentasche erlaubt den Bienen den Zugang zur Königin und zur Brut.

Einfluss auf die Schwarmneigung

bei einem frühen Start der Methode kann ein Schwärmen verhindert werden – ansonsten ist die Schwarmneigung schon überwiegend beendet.

Wabenerneuerung

gute Gelegenheit zum völligen Wabenwechsel im Brutraum

Königinerneuerung

keine Verjüngung der Königin, aber Gelegenheit zum Austausch der Königin

Einfluss auf die Völkerzahl

nein

Benötigtes Material

Bannwaben-Tasche, 3 bis 4 Leerwaben, Königinnen-Clip, bei Bedarf Königinnen-Zeichenstift. Mittelwände oder ausgeschleuderte, geputzte Waben für den Ersatz der entnommenen Waben bzw. aller leeren Brutwaben.
Variante 2: Sprühbehandlung

In verschiedenen Beuten möglich

In allen Völkern mit beweglichen Waben möglich.

Schwierigkeitsgrad

Man muss die Königin finden und umsetzen können – einfach, wenn man dies beherrscht! Deshalb nur für Fortgeschrittene oder Anfänger mit kompetenter Hilfe empfehlenswert.

Zeitbedarf

Festes Einhalten des Rhythmus erforderlich, mit Routine sind die Arbeiten schnell erledigt.

Kollidiert die Maßnahme mit der Honigernte?

Nein – kein Einfluss auf die Honigernte – bei gutem Timing ist eine größere Honigmenge möglich.
Variante 2: Sprühbehandlung erst nach der letzten Honigernte.

Vorteile des Verfahrens

- Milben-Bekämpfung ohne Chemie
- Als „chemiefreie Zwischenbehandlung" vor der (letzten) Honigernte einsetzbar.
- Keine Brutpause für die Königin, aber eine (gesunde) Reduzierung ihrer Legeleistung: kein „Auspowern" der Königin durch lang anhaltende Höchstleistung beim Eierlegen.
- Völlige Wabenerneuerung möglich.
- Vergrößerung der Honigernte bei gutem Timing.

Nachteile des Verfahrens

- Fester Arbeitsrhythmus muss eingehalten werden.
- Königin muss gefunden und umgesetzt werden können (das ist erlernbar!).
- Das erste Finden den Königin kann zeitaufwendig sein.

Nur für Wirtschaftsvölker geeignet, nicht für diesjährige Ableger oder (Kunst-)Schwärme, die ihre Volksgröße noch „ungestört" erreichen sollen.

Die drei hier vorgestellten Methoden des Bannwabenverfahrens bieten eine günstige Gelegenheit zum Wabentausch. Auch die Königin kann zum Zeitpunkt des Freigebens am Ende der „Bann-Zeit" problemlos ausgetauscht werden.
Grundversion: 3 × 9-Tage-Rhythmus
Variante 1: 4 × 7-Tage-Rhythmus
Variante 2: 2 × 11-Tage-Rhythmus mit anschließender Sprühbehandlung.

Hinweis: Die Beschreibung einer Bannwabentasche für zwei Waben („Duplex-Wabe") finden Sie beim Bekämpfungsverfahren #11 Wärmebehandlung auf S. 116.

ARBEITEN SCHRITT FÜR SCHRITT

Grundversion 3 × 9-Tage-Rhythmus

(1) Beim Start des Verfahrens (Tag X ca. Mitte/Ende Juni) muss das Wirtschaftsvolk noch nicht abgeerntet sein, denn das Verfahren ist völlig chemiefrei (ausgenommen: Version 2) und beeinträchtigt somit nicht den Honig. Das Verfahren führt zu einer Verkleinerung des Brutnestes – das Volk muss sich dann weniger um Brut kümmern, hat mehr Arbeitskräfte zum Honigtrocknen bzw. mehr Flugbienen zum Sammeln. Bestenfalls – bei gutem Timing – wird die Honigernte gesteigert!

Die Königin wird (mit dem Clip) aus dem Volk genommen und bei Bedarf markiert. Die (markierte) Königin wird auf eine Leerwabe in die Bannwaben-Tasche gesetzt: Bannwabe 1.

Wichtig: In die Wabe wird ein 2 – 3 cm großes Loch für das Wechseln auf die andere Wabenseite gemacht. Außerdem muss es unbedingt eine Leerwabe sein, keine Mittelwand!

Das Volk bei diesem Mal noch auf Schwarmzellen kontrollieren – liegen keine Anzeichen für Schwarmneigung vor, war dies die letzte Schwarmkontrolle in dieser Saison! Spätere Weiselzellen auf den Brutwaben außerhalb der Bannwabe sind selten.

Das Absperrgitter wird aus dem Volk genommen, denn die Königin kann nicht aus ihrer Bannwaben-Tasche heraus – sie kann deshalb nicht auf den Honigwaben stiften.

(2) Bannwabe 1 wird für 9 Tage mittig in das Volk gesetzt. Noch befinden sich die meisten Milben des Volkes in der Brut verschiedener Brutwaben, nur wenige auf den Bienen. Mit dem Schlüpfen der Brut werden Milben frei, die sich später nur auf den Bannwaben vermehren können.

(3) Bannwabe 1 wird am Tag X + 9 aus dem Volk genommen und am besten auf einer Unterlage (nicht über dem Volk) geöffnet, damit die Königin nicht versehentlich in das Volk gelangen kann.

(4) Die Königin wird von der bestifteten Bannwabe genommen und auf eine neue Leerwabe (mit Loch) in die Bannwaben-Tasche gesetzt – diese wird verschlossen.

(5) Bannwabe 2 und die bestiftete Bannwabe 1 werden (nebeneinander) mittig in das Volk gesetzt.

(6) Nach weiteren 9 Tagen (Tag X + 18) wird die Bannwabe 2 aus dem Volk genommen.

(7) Die Königin wird von der Bannwabe 2 abgefangen und die bestiftete Wabe durch eine Leerwabe (mit Loch) ersetzt. Diese Leerwabe wird Bannwabe 3.

(8) Aus dem Volk wird die Bannwabe 1 mit verdeckelter Brut (und gefangenen Varroamilben) entnommen und eingeschmolzen. In das Volk werden die Bannwabe 3 und daneben die bestiftete Bannwabe 2 gesetzt. Dies alles geschieht am Tag X + 18!

(9) Der Zeitpunkt der Ernte ist völlig frei wählbar – bei Bedarf kann auch noch nach dem Abschluss des Bannwabenverfahrens geerntet werden.

(10) Tag X + 27: Nach weiteren 9 Tagen wird Bannwabe 3 gezogen und zur Seite gestellt.

(11) Jetzt ist ein günstiger Zeitpunkt für die Wabenentnahme (Wabenhygiene).

(12) Bannwabe 2 (mit verdeckelter Brut samt Varroamilben) aus dem Volk nehmen und einschmelzen. Die Bannwaben-Tasche öffnen, die Königin samt der bestifteten Bannwabe 3 in das Volk setzen.

Besser: Beim völligen Wabenwechsel die Königin sicherheitshalber im Käfig, mit Ausfressgang mit Futterteig verschlossen, zusetzen! Jetzt ist auch ein guter Zeitpunkt zum Austausch der Königin.

(13) Bei Bedarf (und nach erfolgter „letzter Honigernte“ sowie Wabentausch) kann/sollte man flüssig füttern: erst einmal in kleiner Menge von 3 – 4 kg zum Anregen der Brutaktivität und des Wabenbaus.

Das Flugloch der Beute sollte unbedingt vor dem Füttern eingeengt werden, um Räuberei zu verhindern.

(14) Nach weiteren 9 Tagen (Tag X + 36) die nun verdeckelte Bannwabe 3 abfegen und einschmelzen. Im Restvolk bleiben nur noch wenige Milben zurück.
Kontrolle der Brutaktivität und Weiselrichtigkeit: Legt die Königin ordentlich oder gibt es Hinweise auf Probleme wie Weiselnäpfchen oder bestiftete Drohnenzellen?
(15) Im Abstand von 3 – 4 Wochen mittels (Gemüll-)Diagnose die Milbensituation überwachen. Bei einer Fallrate von > 5 Milben pro Tag bald (in 2 Wochen) , bei > 10 Milben pro Tag sofort behandeln.
(16) Bei hoher Milbenfallrate mit der effektiven Ameisensäure behandeln (siehe S. 136).
(17) Fortsetzung der (Winter-)Auffütterung.
(W1) (Gemüll-)Diagnose in der brutlosen Zeit im November/Dezember, jetzt sitzen die Milben nur noch auf den Bienen.
(W2) Winterbehandlung nach Bedarf (siehe S. 121).

Die Duplex-Wabentasche bietet Platz für 2 Waben.

VARIANTEN DES BANNWABEN-VERFAHRENS

Hier werden nur zwei Varianten vorgestellt, die von der Grundversion abweichen. Falls Sie andere Methoden geschildert bekommen, können Sie (vorsichtig und kritisch) durch Ausprobieren die Vor- und Nachteile herausfinden.

Variante 1: 4 × 7-Tage-Rhythmus

Für Wochenend-Imker empfiehlt das Kirchhainer Bieneninstitut neben der hier genannten Grundversion speziell den 7-Tage-Rhythmus: Mit einer weiteren Bannwabe ist der Gesamtzeitraum des Verfahrens fast gleich mit dem des 3 × 9-Tage-Rhythmus.

KOSMOS PLUS

BANNWABEN-VERFAHREN

Tabelle zum Download

Variante 2: 2 × 11-Tage-Rhythmus

Der Südtiroler Imkerbund empfiehlt in seinem Infoblatt eine etwas abweichende Bannwaben-Methode, die mit der Anwendung von „weicher" Chemie kombiniert ist.
In der Darstellung des Autors:
Tag X: Bannwabe 1 kommt mit der Königin für 11 Tage in der Bannwaben-Tasche (1) mittig in das Bienenvolk. Die Bannwabe erhält ein 2 – 3 cm großes Loch für den Wechsel der Königin auf die andere Wabenseite. Das Absperrgitter kann jetzt entfernt werden.
Am Tag X + 11 wird die Königin im Clip gesichert und Bannwabe 1 abgefegt (2) und eingeschmolzen, denn ein Teil der Brut ist bereits verdeckelt und kann Varroamilben enthalten. Die Königin wird auf eine neue Leerwabe (3) in die Bannwaben-Tasche gesetzt (Bannwabe 2).
Tag X + 22: Nun erfolgen mehrere Arbeitsschritte, die man gleichzeitig erledigen kann
–> Ablauf der Schritte siehe S. 90.

#07 BANNWABENVERFAHREN GRUNDVERSION

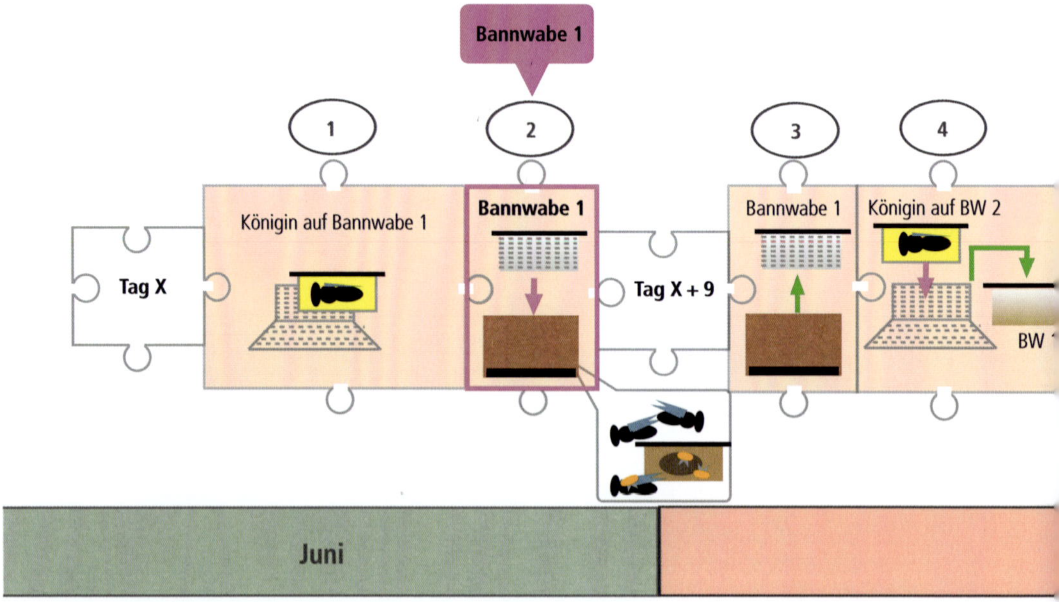

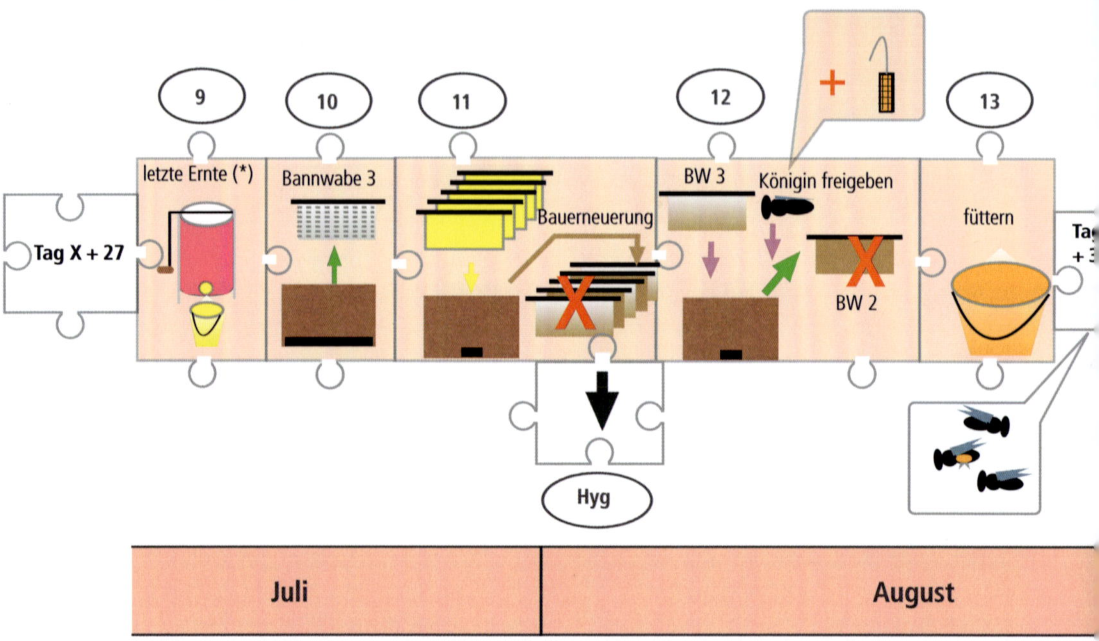

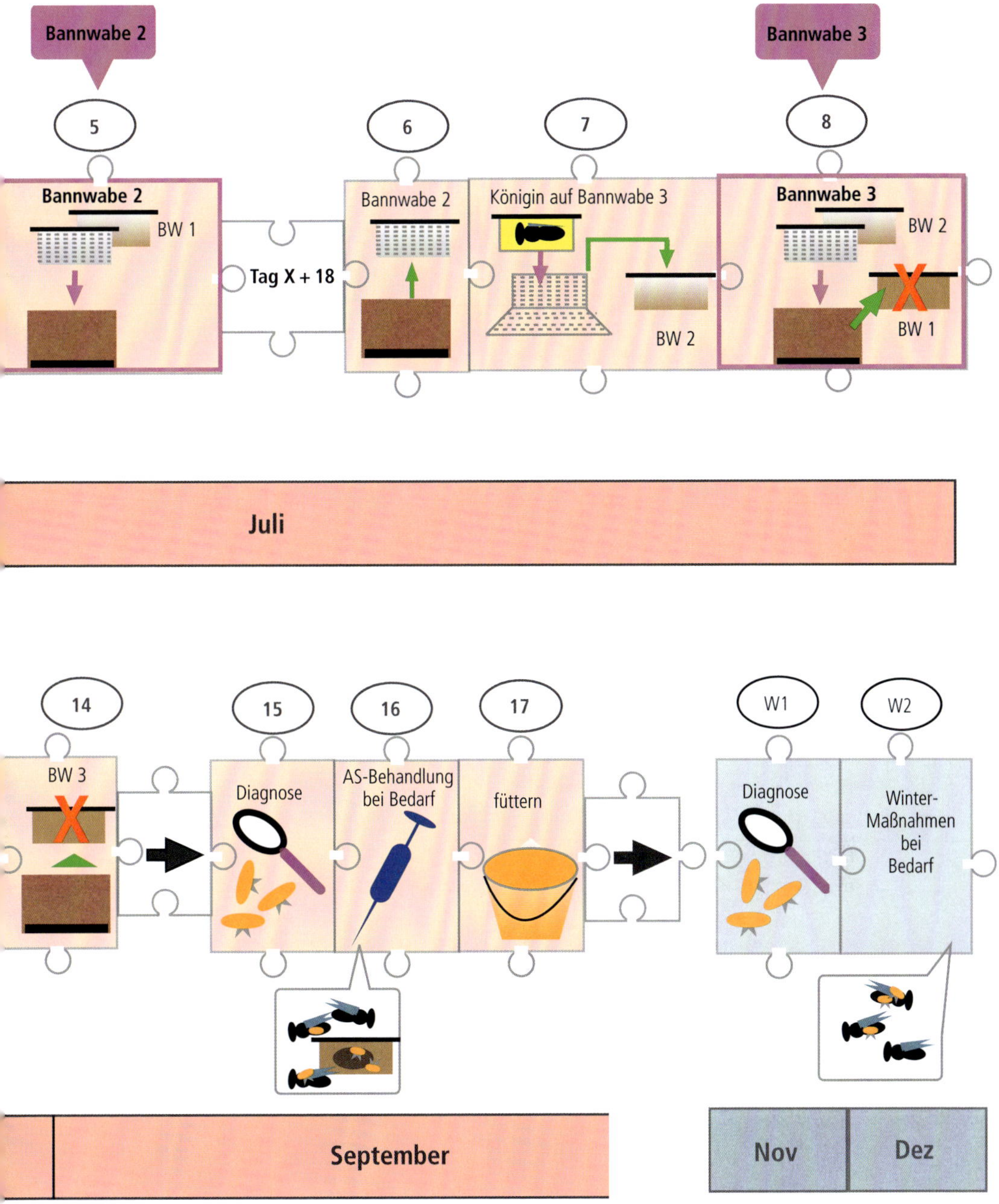

Abkürzung BW = Bannwabe

(*) die letzte Ernte kann jederzeit (vor dem Füttern) erfolgen, vor dem Freigeben der Königin das Absperrgitter einsetzen!

#07 BANNWABENVERFAHREN MIT VARIANTEN

Grundversion: 3 × 9-Tage-Rhythmus

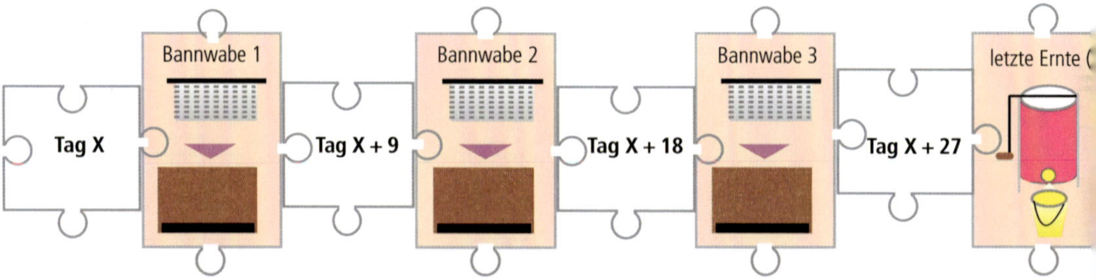

Variante 1: **4 × 7**-Tage-Rhythmus

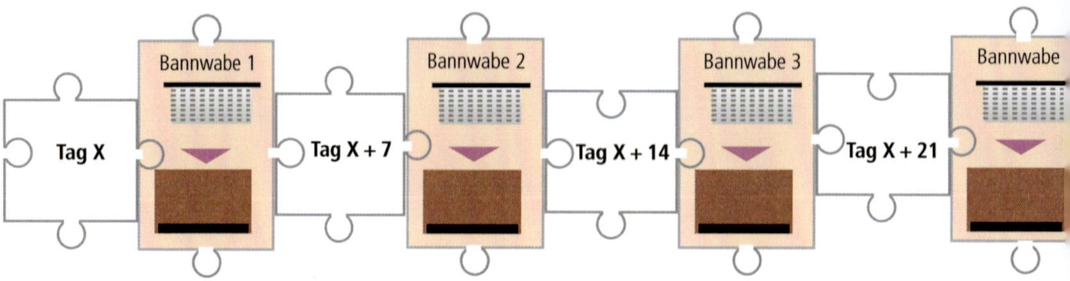

Variante 2: **2 × 11**-Tage-Rhythmus

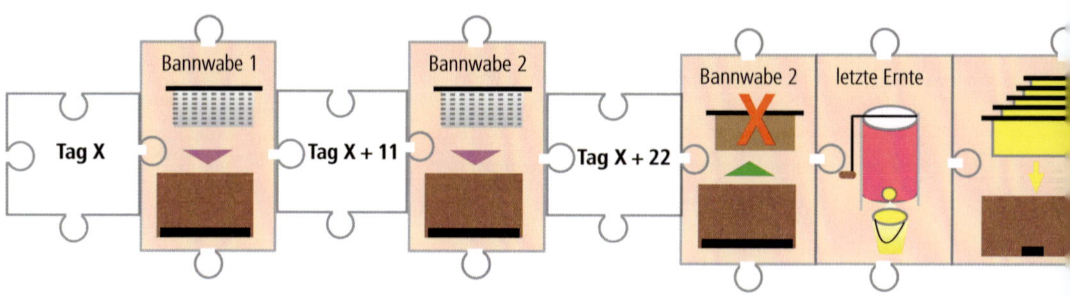

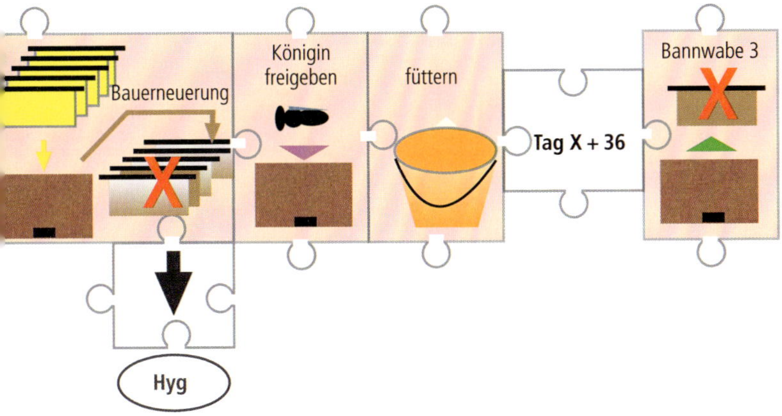

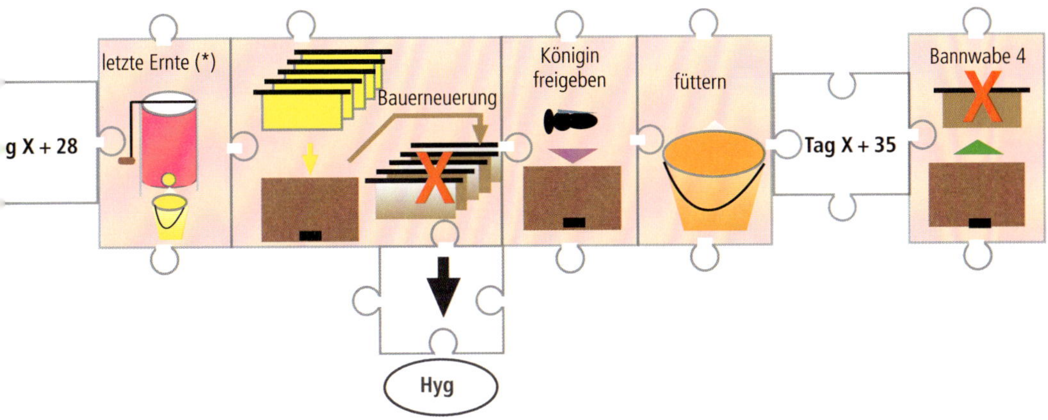

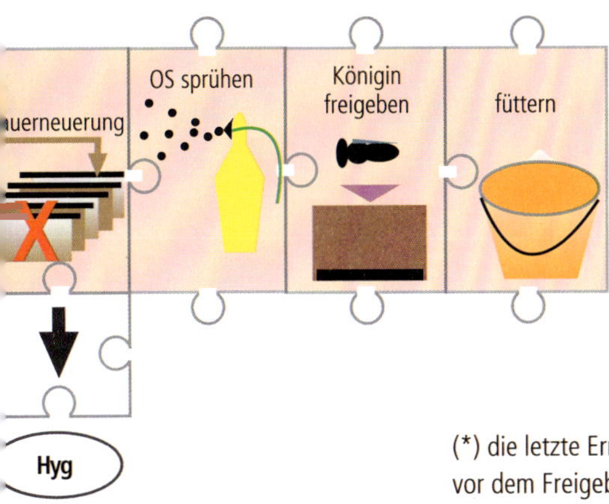

(*) die letzte Ernte kann jederzeit (vor dem Füttern) erfolgen, vor dem Freigeben der Königin ggf. das Absperrgitter einsetzen!

- (4) Ziehen der Bannwabe 2 (abfegen und einschmelzen), die Königin im Königinnen-Clip sichern.
- Falls noch nicht erfolgt, ist jetzt der späteste Zeitpunkt für die Honigernte (5), denn:
- Varroabehandlung (7) mit einer Oxalsäure-Sprühbehandlung (mögliche Alternativen: Milchsäure 2 × sprühen oder Oxalsäure-Verdampfen), kombiniert mit dem
- Wabenwechsel (6) im Brutraum mit Mittelwänden oder ausgeschleuderten, ausgeleckten Honigwaben – beim völligen Wabenwechsel sicherheitshalber die Königin im Käfig unter Futterteig zusetzen!
- Freigeben der Königin (8) (evtl. auch erst nach der Varroabehandlung oder dem Wechseln der Waben). Der Autor empfiehlt das sichere Zusetzen der Königin im „Königinnen-Käfig mit Futterteig verschlossener Ausfressöffnung". Möglich wäre auch an dieser Stelle der Austausch der Königin.
- Flüssigfütterung (9) zum Anregen der Brut- und Bauaktivität und zum Aufbau der Wintervorräte.

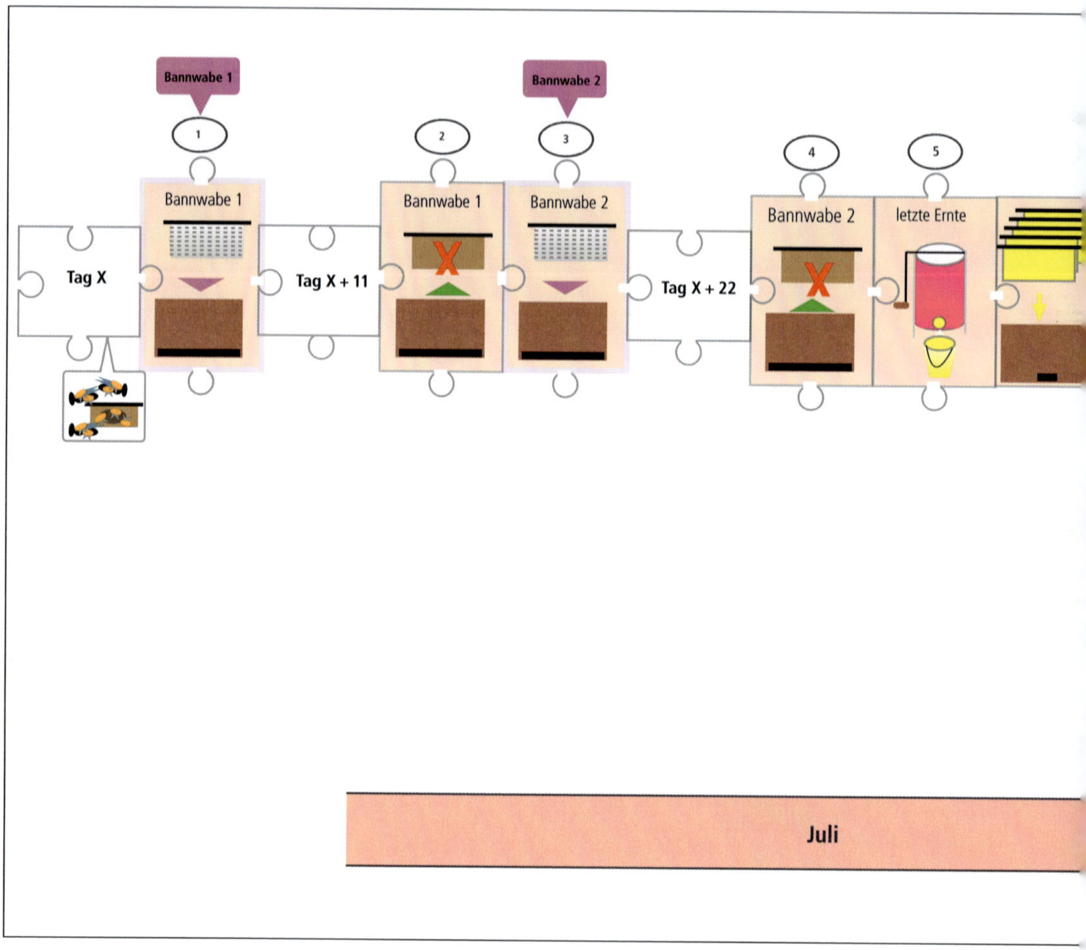

#07 Variante 2: 2 × 11-Tage-Rhythmus (nach Südtiroler-Imkerbund www.suedtirolerimker.it)

— Weiterführung des Volkes mit Diagnose und Ameisensäure-Behandlung bei Bedarf sowie Winterbehandlung bei Bedarf (siehe Grundversion ab Schritt (15)).

KÖNIGINNEN-AUSTAUSCH IM BANNWABENVERFAHREN

Der Austausch der Königin ist sehr einfach, wenn die Königin am Ende der Bann-Phase wieder freigelassen werden soll:
Anstelle dieser (alten) Königin wird eine begattet junge Königin im Zusatzkäfig (Versandkäfig) mit Verschluss zugesetzt. Nach wenigen Tagen wir die Ausfressöffnung unter Futterteig freigegeben.

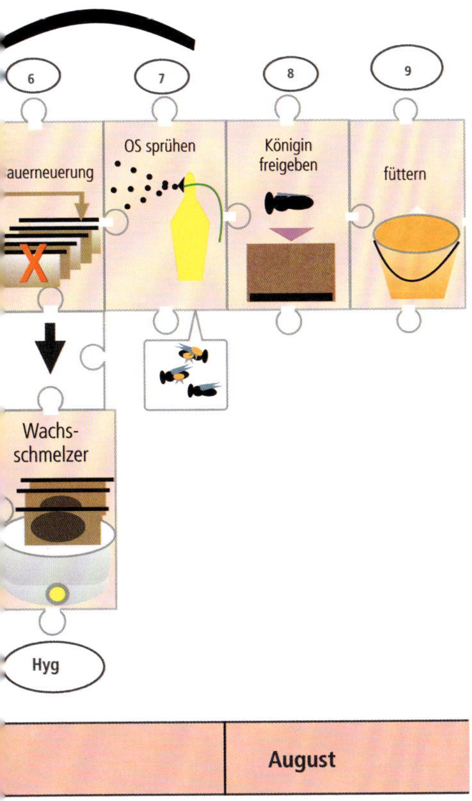

Zur Sicherheit sollte man beim nächsten Arbeitsschritt in 7 – 9 Tagen unbedingt die Weiselrichtigkeit kontrollieren und angesetzte Weiselzellen ausbrechen. Manche Völker haben die Strategie, die neue Königin durch eine selbst nachgezogene Königin aus den (genetisch „fremden“) Eiern zu ersetzen – was immer wieder bei uns Imkern Unverständnis hervorruft.

Bannwabentaschen-Modelle

Es gibt sehr unterschiedliche Bannwaben-Taschen für viele unterschiedliche Wabengrößen, mit feststehenden oder beweglichen Seitenteilen oder auch für zwei Waben (Details und Einsatz siehe S. 82, 85, 118). Probieren Sie aus, was Ihnen mehr gefällt. Überlegen Sie, ob Sie lieber mit einzelnen Waben arbeiten oder in einer feststehenden Wabentasche mit zwei Waben: Die Königin kann hier (leichter) an den Innenwänden laufen - beim Suchen der Königin sollte man daran denken.

TYPISCHE FEHLER

— Den festen Arbeitsrhythmus nicht eingehalten: evtl. kann Brut mit Varroamilben schlüpfen und so die Wirksamkeit des Verfahrens verringern.
— Eine Bannwabe im Volk komplett schlüpfen lassen: Varroamilben bleiben im Volk.
— Nach Abschluss des Bannwabenverfahrens die Milbensituation nicht beobachtet bzw. keine weitere (Spät-)Sommerbehandlung durchgeführt.

KOSMOS PLUS

BANNWABEN-VERFAHREN 2 × 11-TAGE-RHYTHMUS

Tabelle zum Download

#08 TEILEN UND BEHANDELN

Prinzip

– biotechnisch und „sanfte Chemie" kombiniert

Das Bienenvolk wird in zwei Teile aufgeteilt und diese Teile werden unabhängig voneinander mit „weicher" Chemie gegen die Varroamilben behandelt: Auf dem Standort verbleiben die Flugbienen mit alter Königin (Flugling; mit wenigen Milben) und der andere Teil besteht aus den Brutwaben samt aufsitzenden Bienen, die eine neue Königin heranziehen (Brutling; mit den meisten Milben). Man kann beide Teile später wieder vereinigen oder getrennt voneinander einwintern.

Jahreszeit

Jan.	Feb.	März	April	Mai	Juni
Juli	**Aug.**	**Sept.**	Okt.	Nov.	Dez.

Verringerung der Varroa-Population

Das Verfahren erlaubt ein effektives Bekämpfen der Milben.

Witterungsabhängigkeit der Methode

Nur am Tag der Teilung des Volkes benötigt man gutes Flugwetter, damit die Flugbienen aus dem Brutling zurück in den Flugling fliegen können.

Einfluss auf die Schwarmneigung

Keinen, denn das Verfahren wird erst nach Ende der Schwarmzeit, nach der letzten Honigernte, begonnen.

Wabenerneuerung

Beide Volksteile können zu 100 % auf helle Waben (Mittelwände/ausgeschleuderte Waben) gesetzt werden.

Königinerneuerung

Der Brutling zieht sich eine neue Königin nach. Bei einer Rückvereinigung von Flugling und Brutling kann man die alte Königin rechtzeitig abdrücken – oder man überlässt den Bienen die Wahl (meist überlebt die junge Königin).

Einfluss auf die Völkerzahl

(Zunahme) Man kann die beiden Volksteile wieder vereinigen oder getrennt voneinander führen.

Benötigtes Material

Es wird relativ viel Material benötigt: Ein Beutenboden und ein Beutendeckel für den Brutling und Mittelwände/helle oder ausgeschleuderte Waben für beide Volksteile. Ein Königinnenkäfig mit Futterteig.

In verschiedenen Beuten möglich

In allen Beuten mit beweglichen Waben und Beuten möglich.

Schwierigkeitsgrad

Das Verfahren ist anspruchsvoll, wenn man es erlernt – danach ist es leicht umsetzbar. Man sollte die Königin finden können.

Zeitbedarf

Die Arbeiten erfordern Zeit, können aber zügig durchgeführt werden.

Kollidiert die Maßnahme mit der Honigernte?

Nein – Start nach der letzten Honigernte.

Vorteile des Verfahrens

— Die Milbenbelastung wird auf zwei Völker aufgeteilt (Flugling hat kaum Milben).

01

02

03

- Die Volkstrennung erleichtert das „Abhängen“ möglicher Viren (in der Bienenbrut) – die Unterbrechung des Virusinfektionszyklus.
- Verzicht auf Ameisensäure – Oxalsäure gesprüht hat weniger Nebenwirkungen!
- erhebliche Bauerneuerung
- Königinnen-Verjüngung

Nachteile des Verfahrens

- Bei hohem Varroa- und Virenbefall kann der Brutling stark von Viren geschädigt sein und absterben: Besser keinen Brutling bilden, alle Brutwaben einschmelzen (siehe „Totale Brutentnahme“ S. 100).
- Man benötigt einen weiteren Standplatz auf dem Bienenstand für den Brutling. **Abhilfe:** „Notfalls“ wird der Brutling mit eigenem Boden über den Flugling gesetzt (mühsam beim Bearbeiten).

Nur für Wirtschaftsvölker geeignet, nicht für diesjährige Ableger oder (Kunst-)Schwärme, die ihre Volksgröße noch „ungestört“ erreichen sollen!

01 Die Königin wird in den Käfig mit Futterteig gesperrt – so kann ihr während der Arbeiten nichts passieren.

02 Der Flugling erhält Mittelwände und eine Futterwabe – die Brut wird als Brutling zur Seite gesetzt.

03 Zusetzen der gekäfigten Königin in den Flugling.

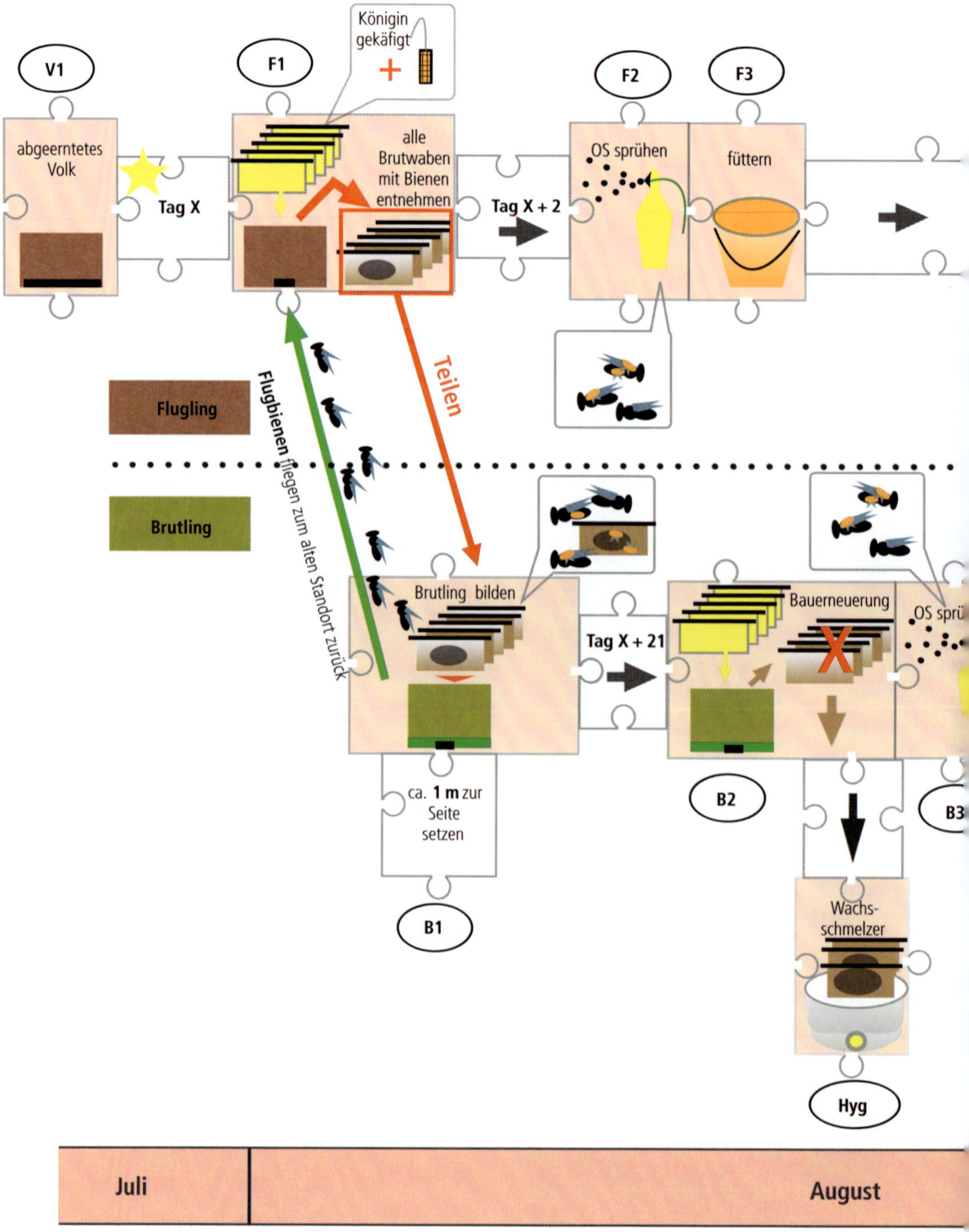
V1
abgeerntetes Volk
Tag X
F1
Königin gekäfigt
alle Brutwaben mit Bienen entnehmen
Tag X + 2
F2
OS sprühen
F3
füttern
Flugling
Brutling
Flugbienen fliegen zum alten Standort zurück
Teilen
Brutling bilden
ca. 1 m zur Seite setzen
B1
Tag X + 21
Bauerneuerung
B2
OS sprü
B3
Wachs-schmelzer
Hyg
Juli
August

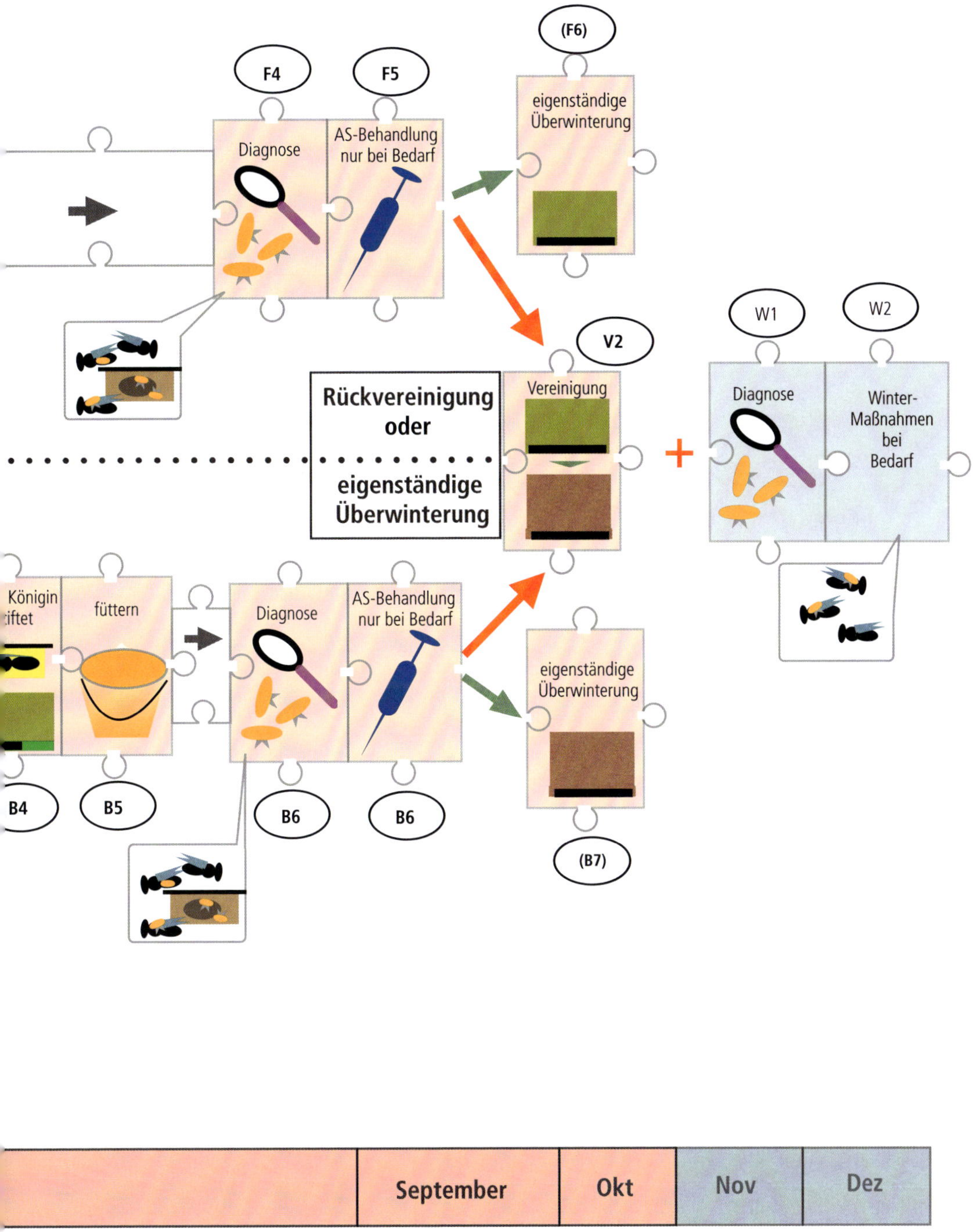
(F6)
F4
F5
Diagnose
AS-Behandlung nur bei Bedarf
eigenständige Überwinterung
V2
W1
W2
Rückvereinigung oder eigenständige Überwinterung
Vereinigung
Diagnose
Winter-Maßnahmen bei Bedarf
Königin
iftet
füttern
Diagnose
AS-Behandlung nur bei Bedarf
eigenständige Überwinterung
B4
B5
B6
B6
(B7)
September
Okt
Nov
Dez

ARBEITEN SCHRITT FÜR SCHRITT

(V1) Das Wirtschaftsvolk sollte komplett abgeerntet sein, dann sind die Arbeitsschritte einfacher durchführbar.

Teilung des Volkes in Flugling (F) und Brutling (B)

Flugling

Tag X: Am Tag der Teilung (Ende Juli/Anfang bis Mitte August) sollte die Witterung (sehr) gute (über Stunden anhaltende) Flugbedingungen ermöglichen.
(F1) Alle (!) Brutwaben werden aus dem Volk genommen und mit aufsitzenden Bienen in die neue Beute des Brutlings (B1) gesetzt. Gleichzeitig sucht man nach der Königin, sie sofort gekäfigt werden sollte – so kann sie bei den verschiedenen Arbeiten nicht zu Schaden kommen. Zu diesem Zeitpunkt sind die meisten Varroamilben in der Bienenbrut (über 90 %), nur ein kleiner Teil ist auf den Bienen bzw. noch weniger auf den Flugbienen.
Der Flugling bleibt auf dem Standplatz stehen! In die Beute setzt man Mittelwände oder helle, ausgeschleuderte und von Bienen geputzte – nicht honigfeuchte Waben (Räubereigefahr), falls nötig eine Futterwabe (Honigwabe). Zugabe der Königin, zu ihrem eigenen Schutz in einen Käfig „gesichert", der Käfig-Verschluss mit Futterteig zum (baldigen) Ausfressen. Das Flugloch einengen (Gefahr von Räuberei) und zur sicheren Belüftung das Varroagitter „freigeben" (Gemüllwindel/Varroaschublade herausziehen).
(F2) Am Tag X + 2 hat sich der Flugling wie ein Schwarm nach dem Einschlagen „organisiert": Durchführen der Sprühbehandlung mit Oxalsäure (Details siehe S. 142) bei wenig Bienenflug (morgens oder abends). Das Flugloch wegen Räubereigefahr unbedingt auf wenige Zentimeter einengen und den Varroaboden weiterhin geöffnet lassen (Belüftung).
(F3) Füttern mit Flüssigfutter (!), um das Ausbauen der Mittelwände und die Brutaktivität zu fördern (Aufbau der Winterbienenpopulation). Menge auf 3 – 4 kg Sirup/Zuckerwasser begrenzen. Später können auch größere Mengen zum Anlegen von Winterfutter-Vorräten verfüttert werden, wenn genug Platz besteht – bei (Spät-)Tracht muss nicht oder weniger gefüttert werden (kontrollieren).
Hinweis: Der Flugling wird durch den Abgang von Bienen in den nächsten 3 – 4 Wochen deutlich schrumpfen – erst danach steigt seine Größe durch neue, geschlüpfte (Winter-)Bienen.
(F4) Alle 2 – 3 Wochen eine (Gemüll-)Diagnose durchführen, um starke Zunahme der

Der Flugling hat die Mittelwände ausgebaut.

Sprühen, bevor die junge Brut verdeckelt wird.

Varroapopulation (z. B. durch Räuberei/Verflug) rechtzeitig wahrzunehmen. Ab einer Fallzahl von > 5 Milben pro Tag sollte man bald (in ca. 2 Wochen) und bei > 10 Milben pro Tag sofort behandeln bzw. entsprechend die „sanfte" Chemie auswählen:
(F5) Am zuverlässigsten wird eine Ameisensäurebehandlung wirken und diese ist bei moderaten (> 5 Milben pro Tag) und hohen Milbenfallzahlen (> 10 Milben pro Tag) zu empfehlen (siehe S. 136).
Der Flugling wird als eigenständiges Volk eingewintert, falls auf eine Rückvereinigung verzichtet wird.

Brutling
(B1) Der neue Beutenboden für den Brutling wird mindestens 1 Meter abseits vom Flugling, aber auf jeden Fall auf demselben Bienenstand aufgestellt. Auf den Beutenboden stellt man die Brut-Zarge(n) mit den Brutwaben mit den aufsitzenden Bienen. Das Flugloch auf wenige cm einengen, den Varroaboden geöffnet lassen (Belüftung). Der Brutling sollte ausreichend Futter (Futterkränze oder Futterwaben) haben. Die Flugbienen verlassen den Brutling und fliegen nach dem Sammeln zurück zum Altvolk, dem Flugling, denn die Flugbienen kennen diese Position und haben sie als Standort „abgespeichert".
Der Brutling wird sich eine neue Königin nachziehen. Die Varroamilben aus den Brutzellen werden mit den schlüpfenden Bienen frei und sitzen dann auf den Bienen (es gibt keine neue Brut).
(B2) Nach Tag X + 21 ist die Brut komplett geschlüpft: Austausch aller (dunklen) Waben gegen Mittelwände oder helle/ausgeschleuderte Waben. Aus 2 Zargen Brutraum wird eine Zarge oder in einer Beute mit einem großen Brutraum (Dadant oder 1,5 DN) wird die Wabenzahl begrenzt (z. B. auf 6 Waben). Die entnommenen Waben werden eingeschmolzen (Waben-Hygiene).
(B3) Durchführen einer Oxalsäure-Sprühbehandlung bei wenig Bienenflug (morgens oder abends): Diese ist sehr effektiv, denn alle Milben sitzen auf den Bienen (siehe S. 142).
Tipp: Schritte (B2) und (B3) können miteinander kombiniert werden: Die alten, bienenbesetzten Waben werden mit Oxalsäure angesprüht und dann schlägt man die Bienen in die Beute ab.
(B4) Die Königin wird nach erfolgter Begattung ca. am Tag X + 30 mit der Eiablage beginnen – im schnellsten Fall kann mit der Eiablage ab Tag X + 24 gerechnet werden.
(B5) wie bei (F3): Füttern mit Flüssigfutter!, um das Ausbauen der Mittelwände und die Brutaktivität zu fördern (Aufbau der Winterbienenpopulation). Später auch zum Anlegen von Winterfutter-Vorräten.
(B6) Alle 2 – 3 Wochen eine (Gemüll-)Diagnose durchführen, um starke Zunahme der Varroapopulation (z. B. durch Räuberei/Verflug) rechtzeitig wahrzunehmen. Siehe beim Flugling, Schritt (F4).
(B7) Behandlung bei Bedarf, siehe Flugling, Schritt (F5).

Entscheidung: Rückvereinigung oder eigenständige Überwinterunug
Man kann sowohl Flugling als auch Brutling als eigenständige Völker einwintern, oder eine Rückvereinigung durchführen:
(V2) Der Brutling mit der jungen Königin wird zum Zeitpunkt des jahreszeitlich- und witterungsbedingten Flugstops (Temperaturen unter 10 Grad Celsius) häufig ca. Ende Oktober auf den Flugling aufgesetzt. Meist werden sich die Bienen für die jüngere Königin entscheiden. Das Finden der Königin kann in dieser Jahreszeit schwierig sein. Beim Vereinigen wird auf Zeitungspapier (oder „Küchenrollen-Papier") verzichtet – es wird in dieser Jahreszeit nicht zu „Beißereien" zwischen den beiden Völkern kommen.
(W1) (Gemüll-)Diagnose in der brutlosen Zeit im November/Dezember.
(W2) Winterbehandlung nach Bedarf

Links steht der Flugling, rechts der Brutling.

entnehmen und einschmelzen (siehe S. 76). Die Behandlung des Fluglings (F2) kann in „Varroa-armen" Jahren völlig entfallen, wenn man über die (Gemüll-)Diagnose regelmäßig die Varroasituation im Auge behält.

Man kann jedoch auch bereits am Tag X + 2 am Brutling (B3) eine (kurze) Ameisensäure-Behandlung (siehe S. 136) des gesamten Volkes oder eine Hyperthermie-Behandlung der verdeckelten Brutwaben (siehe S. 116) durchgeführen. In beiden Fällen sollte man dem Brutling nach diesen Behandlungen eine Brutwabe mit Eiern oder jüngsten Rundmaden geben: So haben die Bienen ganz sicher die Möglichkeit, Weiselzellen anzusetzen – falls die Behandlung die offene Brut zu stark geschädigt haben sollte.
Die möglichen Behandlungsschritte mit Ameisensäure (F5) und (B6) lassen sich durch eine Hyperthermie-Behandlung der verdeckelten Brut ersetzen.

TYPISCHE FEHLER

- Das Verfahren sehr früh nach der letzten Ernte begonnen: Die Völker haben im September wieder eine große Milbenpopulation und müssen zusätzlich behandelt werden, z. B. mit Ameisensäure (wie im Schema dargestellt).
  Die Teilung an einem Tag ohne Flugbedingungen mit anhaltender Schlechtwetter-Phase durchgeführt: Der Flugling ist sehr klein, die Flugbienen sitzen (überwiegend) im Brutling.
  Besser: Unter solchen Witterungsbedingungen einen Teil der aufsitzenden Bienen von den Brutwaben in die Beute des Fluglings stoßen.
- Das Nachziehen von Weiselzellen wurde durch Kontrollen gestört bzw. Zellen zerstört.
  Besser: Geduldig warten oder Waben sehr vorsichtig lösen und ziehen!
- Flugloch von Flugling und Brutling

Alternative Varroa-Behandlungsmethoden oder -Behandlungsmittel

Anstelle von Oxalsäure-Sprühen (F2) und (B3) kann man zweimal im Abstand von wenigen Tagen Milchsäure sprühen (siehe S. 147), einmal eine Oxalsäure-Verdampfung vornehmen (siehe S. 142) oder eine Fangwabe geben und diese wenige Tage später nach der Verdeckelung der Brut wieder

KOSMOS PLUS **TEILEN UND BEHANDELN**
Tabelle zum Download

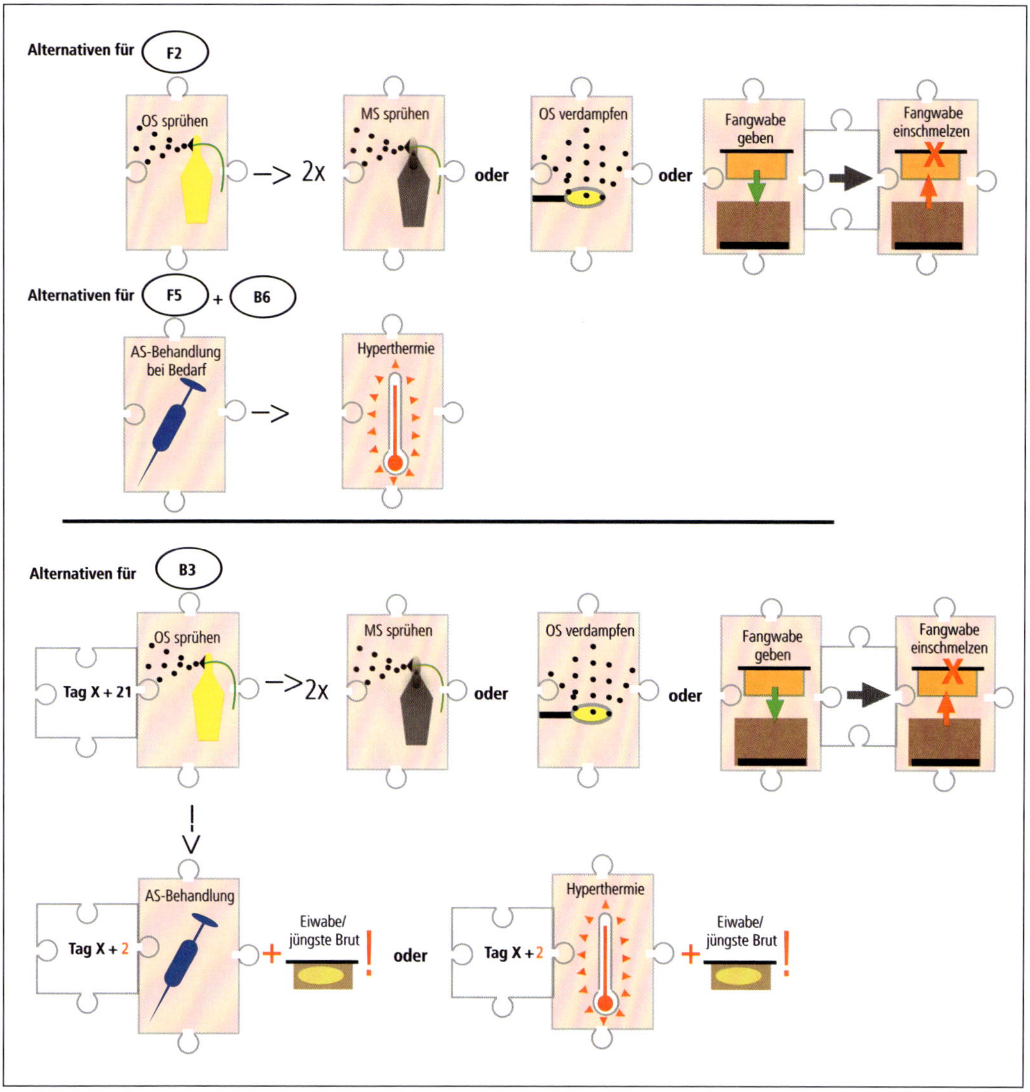

#08: Teilen und Behandeln: Alternativen

nicht (rechtzeitig) eingeengt, Räuberei ab dem Moment des Fütterns.
Besser: Das Flugloch auf wenige cm einengen. Die Bienen bekommen durch den geöffneten Varroaboden ausreichend Luft.

— Den Flugling zu viel (auf einmal) gefüttert, kein Platz mehr zum Brüten (eingeschränktes Brutnest).
Besser: Anfangs nur 3 – 4 kg/Liter verfüttern und nach ca. 3 Wochen kontrollieren, ob weiteres Futter benötigt wird.

— Brutling ist nach 3 – 4 Wochen an Varroa- und Virusschäden abgestorben.
Besser: Bei hoher Varroabelastung die Brutwaben nicht zur Brutlingbildung verwenden, sondern direkt einschmelzen. Das Absterben des Brutlings muss als Möglichkeit einkalkuliert werden (ist also kein Fehler!).

#09 TOTALE BRUTENTNAHME

Prinzip
– 100 % biotechnisch
– biotechnisch und „weiche Chemie“ kombiniert
Dem Wirtschaftsvolk werden kurz vor oder nach der letzen Ernte **alle** Brutwaben mit offener und verdeckelter Brut entnommen. Die Brutwaben enthalten Varroamilben und (häufig) Viren – in der Grundversion werden alle diese Waben eingeschmolzen und das Bienenvolk auf einmal von diesen Krankheitserregern „entlastet“. Auf den Bienen bleiben (meist) nur noch wenige Milben und in den Bienen (in geringerer Konzentration) Viren zurück. Die verbliebenen Milben können mit einer Sprühbehandlung (Oxalsäure oder zweimal Milchsäure), mit der Verdampfung von Oxalsäure oder biotechnisch mit einer Fangwabe bekämpft werden.
Variante 1: Die entnommene Brut wird nicht eingeschmolzen, sondern zusammen mit aufsitzenden Bienen zur Bildung eines Brutablegers verwendet.

Die komplette Brut wird eingeschmolzen!

Jahreszeit
Jan. Feb. März April Mai Juni **Jul (Mitte)Aug.** Sept. Okt. Nov. Dez.
1 – 2 Wochen vor der letzten Ernte oder direkt nach der letzten Ernte.

Verringerung der Varroa-Population
erheblich

Witterungsabhängigkeit der Methode
völlig witterungsunabhängig

Einfluss auf die Schwarmneigung
Beginn der Maßnahme nach der Schwarmzeit

Wabenerneuerung
Schneller und (fast) kompletter Wabenwechsel im Brutraum

Königinerneuerung
alte Königin bleibt

Einfluss auf die Völkerzahl
Nein, Ausnahme Variante 1: Bildung eines Brutablegers.

Benötigtes Material
Neue Waben für den Brutraum: Mittelwände oder ausgeschleuderte, ausgeleckte Waben, Oxalsäure/Milchsäure für die Sprühbehandlungen, Oxalsäure mit Verdampfer oder eine Fangwabe
Variante 1: komplette Beute erforderlich

In verschiedenen Beuten möglich
Voraussetzung: bewegliche Waben

Am besten arbeitet man bei der totalen Brutentnahme zu zweit!

Schwierigkeitsgrad
das Grundprinzip ist sehr einfach

Zeitbedarf
schnell umsetzbar
Variante 1: zusätzlich viel Arbeit erforderlich

Kollidiert die Maßnahme mit der Honigernte?
Nein – kein Einfluss auf die Honigernte, mit Glück kann man sogar mehr Honig ernten (Beginn der Brutentnahme vor der letzten Ernte).

Vorteile des Verfahrens
- Schnelle und effektive Milbenbekämpfung und Unterbrechung der Virus-Infektionskette im Bienenvolk.
- Ist die Brut von Milben und Viren geschädigt, haben die Bienen eine kurze Lebenserwartung und sind schlechte (kurzlebige) Winterbienen bzw. ein Absterben des Volkes ist bereits vor Winterbeginn möglich. (Fast) unglaublich, aber wahr: Das Bienenvolk kann den Brutverlust bis zum Winterbeginn ausgleichen und geht ausreichend stark in den Winter!
- Das Volk baut ein sehr regelmäßiges, geschlossenes Brutnest auf.
- Ohne Chemie oder „nur" kombiniert mit „weicher" Chemie (auf Ameisensäure kann verzichtet werden).
- Bei gutem Timing kann man sogar mehr Honig ernten (Start 1 – 2 Wochen vor der letzten Ernte).

Nachteile des Verfahrens
- Auf den ersten Blick ruft das Einschmelzen von Brut Bedenken hervor, hier hilft Aufklärung: siehe Vorteile.
- Die Bildung eines Brutablegers mit den Brutwaben (Variante 1) birgt die Gefahr des Absterbens des Brutablegers durch Varroa- und Virusschäden. Dann wäre der erhebliche Mehraufwand für den Brutableger umsonst gewesen!

ARBEITEN SCHRITT FÜR SCHRITT

(1) Das Wirtschaftsvolk wird meist Ende Juli abgeerntet. (Hinweis: einige Konzepte empfehlen die Brutentnahme bereits 10 – 14 Tage vor der letzten Ernte – die letzte Ernte unbedingt vor der Varroabehandlung).

(2) Falls das Volk keine Futterreserven besitzt, eine kleine Menge flüssig oder fest füttern oder eine Futterwabe geben – ungünstige Wetterlagen und das Ende der letzten Massentracht können zum Verhungern führen!

(3) Das abgeerntete Wirtschaftsvolk möglichst bald weiter bearbeiten.

(4) Eine (Gemüll-)Diagnose wird von vielen Imkern vor Beginn der Maßnahme weggelassen – die Diagnose ist empfehlenswert, um Alternativen wählen zu können:
Bei Milben-Fallraten von 10 Milben und mehr sollte die entnommene Brut eingeschmolzen werden (Standardmethode), dagegen erlauben deutlich darunter liegende Milben-Fallraten und keinerlei Hinweise auf Virusbelastungen und Bienenschäden die „Weiterverwendung" der Brutwaben für die Bildung eines Brutablegers (Variante 1).

(5) Am Tag X alle Arbeitsschritte (5), (6) und (7) direkt nacheinander durchführen – Helfer sind willkommen. Arbeitsbeginn früh morgens vor oder abends nach Ende des Bienenfluges (siehe 6): Die Bienen von allen (!) Brutwaben (offene und verdeckelte Brut) mit Oxalsäure besprühen und in die Beute abstoßen/abfegen. Die Brutwaben entnehmen (einschmelzen). Für die Königin ist es sicherer, wenn sie gekäfigt (Ausfressöffnung mit Futterteig verschlossen) in das Volk gehängt wird. Wer keine Königin finden kann, verzichtet darauf. Falls man eine oder zwei honiggefüllte Randwaben in

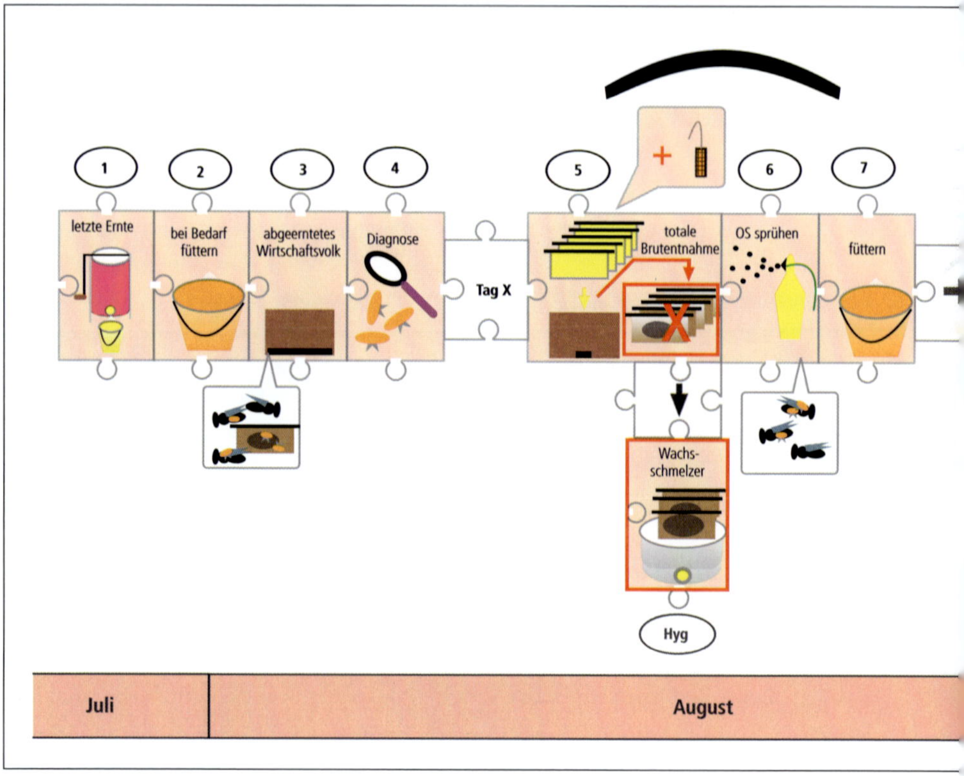

#09 Totale Brutentnahme

ihren Positionen im Volk belässt, werden auch hier die aufsitzenden Bienen mit Oxalsäure besprüht. Das Volk erhält für den Brutraum Mittelwände oder ausgeschleuderte, geputzte Honigwaben. Die entnommenen Waben möglichst bald einschmelzen, es besteht Gefahr von Räuberei, Wachsmotten und Schimmelbildung (Wabenhygiene). In der verdeckelten Brut befindet sich der größte Teil der Varroamilben – auf den Bienen sitzen wenige(r) Milben.
(6) Oxalsäure-Sprühbehandlung mit (5) kombiniert (siehe S. 97, 142).
(7) Eine kleine Menge (2 – 3 kg) Flüssigfutter (bei Mittelwänden möglichst verdünnt!) geben: Aktivieren des Brütens und Förderung des Wabenbaus, falls Mittelwände gegeben wurden. Das Flugloch unbedingt einengen, um Räuberei zu vermeiden. Das „offene" Varroagitter im Boden sichert die Luftversorgung des Volkes. Fortsetzung der (Winter-)Auffütterung mit später unverdünntem Futter, dabei beachten, dass ausreichend Platz für das Brutnest vorhanden ist (besonders bei unerwartet einsetzender Spättracht).
(8) (Gemüll-)Diagnose: Überprüfung der Varroasituation alle 3 – 4 Wochen. Bei Milbenfallzahlen von > 5 Milben pro Tag bald (in 1 – 2 Wochen), bei > 10 Milben pro Tag sofort behandeln.
(9) Nur bei Bedarf behandeln: Die Ameisensäure ist die effektivste Chemie gegen Milben in dem brütenden Volk. Alternative Behandlungsmethoden siehe S. 104.
(10) Fortsetzung der Winterauffütterung.
(W1) (Gemüll-)Diagnose in der brutlosen Zeit im November/Dezember.
(W2) Winterbehandlung nach Bedarf (siehe S. 116).

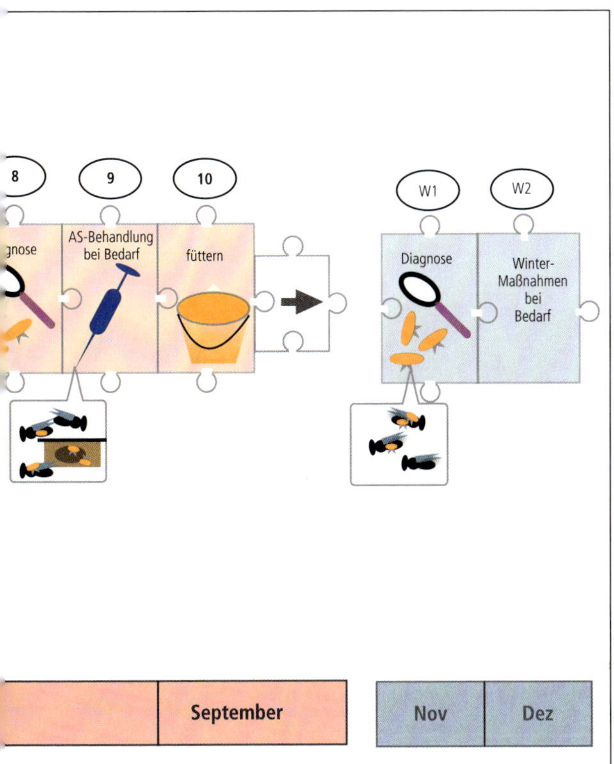

Alternative Varroabehandlung in der Grundversion (Brut einschmelzen)

In Schritt (6) kann man anstelle der Oxalsäure-Sprühbehandlung eine zweimalige Milchsäure-Sprühbehandlung (siehe S. 147) oder eine einmalige Oxalsäure-Verdampfung (siehe S. 142) vornehmen. Völlig chemiefrei ist dagegen der Einsatz einer Fangwabe, die wenige Tage später, nach der Verdeckelung der Brutzellen entnommen und eingeschmolzen wird (siehe S. 76).

Die Ameisensäure-Behandlung in Schritt (9) lässt sich durch eine oder mehrere Hyperthermie-Behandlungen der verdeckelten Brutwaben (siehe S. 116) ersetzen.

VARIANTE 1

Bildung eines Brutablegers an Stelle des Einschmelzens der Brut

Hauptunterschied zur Grundversion ist, dass ein Brutableger gebildet wird (siehe auch S. 46): In Schritt (5) werden auch die aufsitzenden Bienen samt Brutwaben aus dem Wirtschaftsvolk genommen und im Schritt (A1) in eine eigene Beute gesetzt. Dieser Brutableger erhält bei Bedarf noch weitere Brutwaben aus anderen Völkern. Nach Tag X + 21 ist die gesamte Brut geschlüpft und eine Königin nachgezogen worden. Mit einer Sprühbehandlung (A2) werden die Milben bekämpft, die ausschließlich auf den Bienen sitzen. Nun kann man die Gelegenheit nutzen und alle dunklen Waben gegen Mittelwände oder ausgeschleuderte, geputzte Waben austauschen (A3). Die nachgezogene Königin ist entweder bereits in Eilage gegangen oder wird das bis ca. Tag X + 30 tun. Die Brutaktivität und der Aufbau von Wintervorräten werden durch Flüssigfütterung (A5) angeregt bzw. ermöglicht. Bei ausreichender Größe kann der Brutableger alleine überwintern – ansonsten sollte er mit einem anderen Volk vereinigt werden.

(A6) Alle 2 – 3 Wochen den natürlichen Milbenfall mittels (Gemüll-)Diagnose „überwachen" und bei Bedarf eine Varroabehandlung (A7) durchführen (Milbenfallraten siehe Grundversion oben unter Schritt (9)).

(A8) Fortsetzung der Winterauffütterung.

(W1) (Gemüll-)Diagnose in der brutlosen Zeit im November/Dezember.

(W2) Winterbehandlung nach Bedarf (siehe S. 121).

Auch die Bienen an der Beuteninnenwand besprühen.

KOSMOS PLUS
TOTALE BRUT-ENTNAHME
Tabelle zum Download

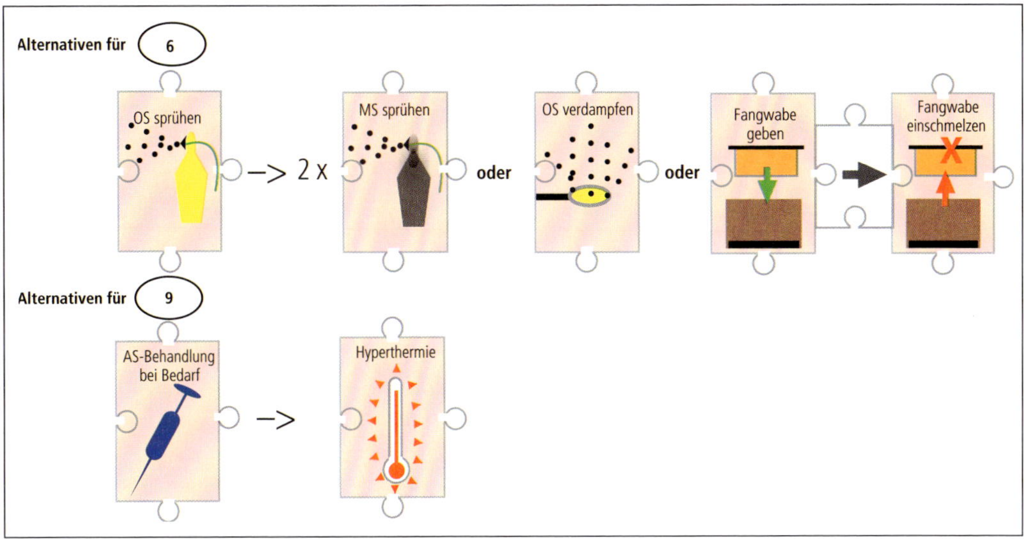

Schema Bekämpfung #09: Totale Brutentnahme alternative Varroabehandlungen

Der Brutableger kann schlimmstenfalls trotz der Varroa-Behandlung an Varroa- bzw. Virusschäden sterben – dieses Risiko besteht unter ungünstigen Bedingungen, wenn Viren bereits in der Bienenbrut und in den Bienen bei Schritt (A1) vorhanden waren!

Abwandlung der Variante 1

Anstelle der Oxalsäure-Sprühbehandlung (A2) wird bereits wenige Tage (!) nach Bildung des Brutablegers (A1) eine Ameisensäure-Behandlung durchgeführt. Hierdurch werden auch die Milben in den Brutzellen bekämpft.
Die Bildung von Weiselzellen kann jedoch durch die Ameisensäure gestört werden – ggf. alle Weiselzellen brechen und eine Königin einweiseln.

TYPISCHE FEHLER

- Räuberei durch die Gabe von stark duftenden Honigwaben ausgelöst. In dieser Jahreszeit (trachtlose Zeit) führt dies extrem schnell zur Räuberei!
  Besser: bereits von Bienen geputzte ausgeschleuderte Waben oder Mittelwände verwenden.
- Räuberei durch das Füttern ausgelöst.
  Besser/Abhilfe: Abends füttern und das Flugloch erheblich einengen.
- Wabe(n) mit verdeckelter Brut im Volk belassen: Hierdurch bleiben Varroamilben im Volk zurück – wenn die Brut schlüpft, senkt dies den Erfolg der gesamten Maßnahme!
- Brutnest vom eingetragenen Futter verstopft.
  Abhilfe: Leerwaben geben und in kleineren Mengen füttern!
- Keine Kontrolle des Milbenfalls im September/Oktober und damit keine weitere Behandlung bei kritischer Milbenpopulation: Volk stark geschädigt oder gar abgestorben.
  Besser: wachsam bleiben!

#09 TOTALE BRUTENTNAHME VARIANTE 1

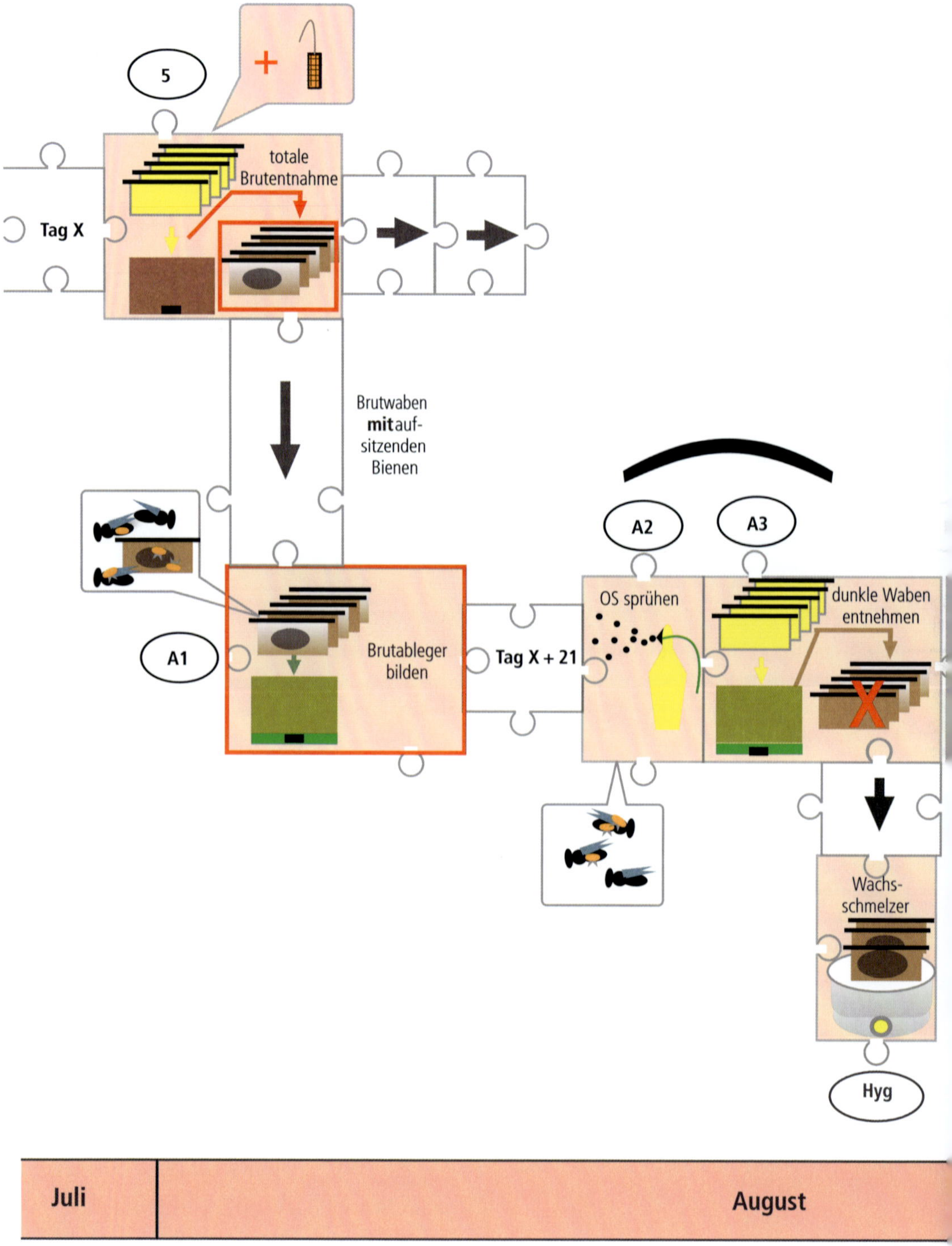

wenige Milben
keine Virusbelastung
keine Bienenschäden

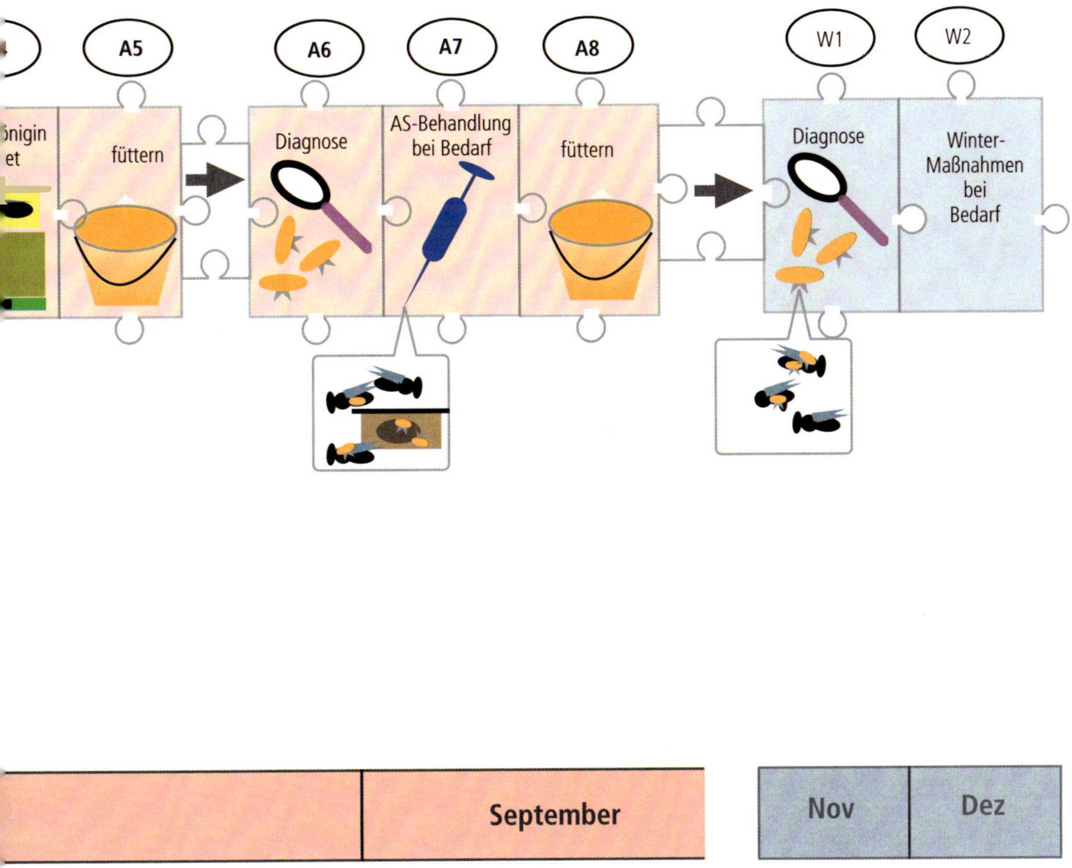

#10 NATUR- UND KUNST-SCHWÄRME

Prinzip

– 100 % biotechnisch („chemiefrei")
– 100 % „weiche Chemie"

Naturschwärme sind im Frühjahr meist kaum mit Varroamilben belastet, denn die meisten Milben sind in dieser Zeit in der Bienenbrut. Späte Naturschwärme dagegen können etwas mehr Milben haben. Je nach Herkunftsvolk können dagegen Kunstschwärme auch viele Varroamilben haben. Mit einfachen Eingriffen kann man jedoch die Varroamilben „abfangen" bzw. mit „weicher" Chemie behandeln, sodass sich aus dem Schwarm bis zur Einwinterung ein kräftiges Volk entwickeln kann.

Die verschiedenen möglichen Eingriffe sollten unbedingt zum rechten Zeitpunkt erfolgen – dann sind die „Nebenwirkungen" für die Bienen am geringsten und die erzielte Wirkung am höchsten.

Geschwärmtes Volk: Viele Milben sind in der Brut.

Tipp: Für andere Ablegertypen, die ebenfalls ohne Brut gebildet werden, können dieselben Verfahren angewendet werden (z. B. Saugling, Treibling, Flugling und Fegling).

Methode A – Sprühbehandlung nach dem Einschlagen des Schwarms auf Mittelwände und vor der Verdeckelung der ersten Brut
Methode B – Ameisensäure-Behandlung nach der Verdeckelung der ersten Brut
Methode C – chemiefrei: Einsatz einer (Drohnenbrut-)Fangwabe
Methode D – chemiefrei: Entnahme der ersten verdeckelten Brut
Methode E – chemiefrei: Hyperthermie-Behandlung der verdeckelten Brut

Jahreszeit

Jan. Feb. März April **Mai** **Juni**
Juli Aug. Sept. Okt. Nov. Dez.

Verringerung der Varroa-Population

Effektive Bekämpfung ist möglich, da keine Brut vorhanden ist.

Witterungsabhängigkeit

— Alle biotechnischen Methoden sind witterungsunabhängig: Sprühbehandlungen, Oxalsäure-Verdampfung und Hyperthermie-Behandlungen.
— Nur die Ameisensäure-Anwendungen sind stark witterungsabhängig.

Einfluss auf die Schwarmneigung

Ein Naturschwarm bedeutet die Teilung eines Volkes, mit demselben Effekt wie das Schröpfen zur Bildung eines Kunstschwarms: Die Schwarmneigung wird gebremst.

Wabenerneuerung
Ein Schwarm, egal ob Natur- oder Kunstschwarm, sollte immer einen komplett neuen Wabenbestand aus Mittelwänden oder Naturwabenbau aufbauen.

Königinerneuerung
Der Vorschwarm enthält die alte Königin, die Nachschwärme enthalten junge, unbegattete Königinnen. Der Kunstschwarm bekommt meist eine junge, begattete Königin.

Einfluss auf die Völkerzahl
ja

Benötigtes Material
- Für den Schwarm wird eine Beute mit viel Lüftungsfläche benötigt (siehe Kasten S. 112) sowie ein Wassersprüher.
- Der Kunstschwarm benötigt eine gekäfigte Königin und etwas Futterteig.
- Dazu werden eine komplette Beute samt Mittelwänden und außerhalb einer Massentracht Futtergeschirr und (kontinuierlich) kleine Mengen Flüssigfutter (z. B. ½ bis 1 kg) benötigt

In verschiedenen Beuten möglich
- Bei allen Beuten mit beweglichen Rähmchen anwendbar.
- Die Beuten benötigen in der Dunkelhaft großflächige Lüftungsgitter.

Schwierigkeitsgrad
- Zur Bildung des Kunstschwarms muss die Königin gefunden/gekäfigt werden.
- Der Umgang mit Natur- oder Kunstschwärmen sollte erlernt werden.

Zeitbedarf
- gering für die Behandlung
- hoch für Einfangen von Naturschwärmen und Bildung von Kunstschwärmen

Kollidieren die Maßnahmen mit der Honigernte?
- Bei biotechnischen Methoden: kein Einfluss auf die Honigernte.
- Ein Einsatz von „weicher Chemie" verbietet eine Honigernte im selben Jahr.

Vorteile des Verfahrens
- Biotechnische Methoden sind chemiefrei und erzeugen keine Rückstände (z. B. im Honig).
- Falls „weiche" Chemie angewendet wird, kann dies mit sehr bienenschonenden Methoden erfolgen – solange keine verdeckelte Brut vorhanden ist und ohne dass sich die Milben in der Bienenbrut vermehren können.

Nachteile des Verfahrens
- Der Umgang mit Natur- und Kunstschwarmbienen ist bei vielen Imkern mit „Stress" belastet.
  Tipp: Eignen Sie sich Fachwissen über Schwärme und deren Verhalten an. Lernen Sie die Bildung von Kunstschwärmen.
- Methode B: Die Anwendung von Ameisensäure hat stärkere Nebenwirkungen auf das Bienenvolk als die anderen hier empfohlenen Behandlungsmittel, dafür erreicht die Ameisensäure aber auch die Milben in den verdeckelten Brutzellen.
- Methode C: Über den Einsatz von Fangwaben in Natur- und Kunstschwärmen gibt es wenige Informationen und Erfahrungswerte.
- Methode D: Die Entnahme der ersten verdeckelten Brut hemmt das Volk sehr stark in seiner Entwicklung – diese Nachteile wertet der Autor erheblich stärker als z. B. die Nebenwirkungen einer Ameisensäure-Behandlung.
- Methode E: Aufwand der Hyperthermie-Behandlung (siehe S. 116).

#10 NATUR- UND KUNSTSCHWÄRME

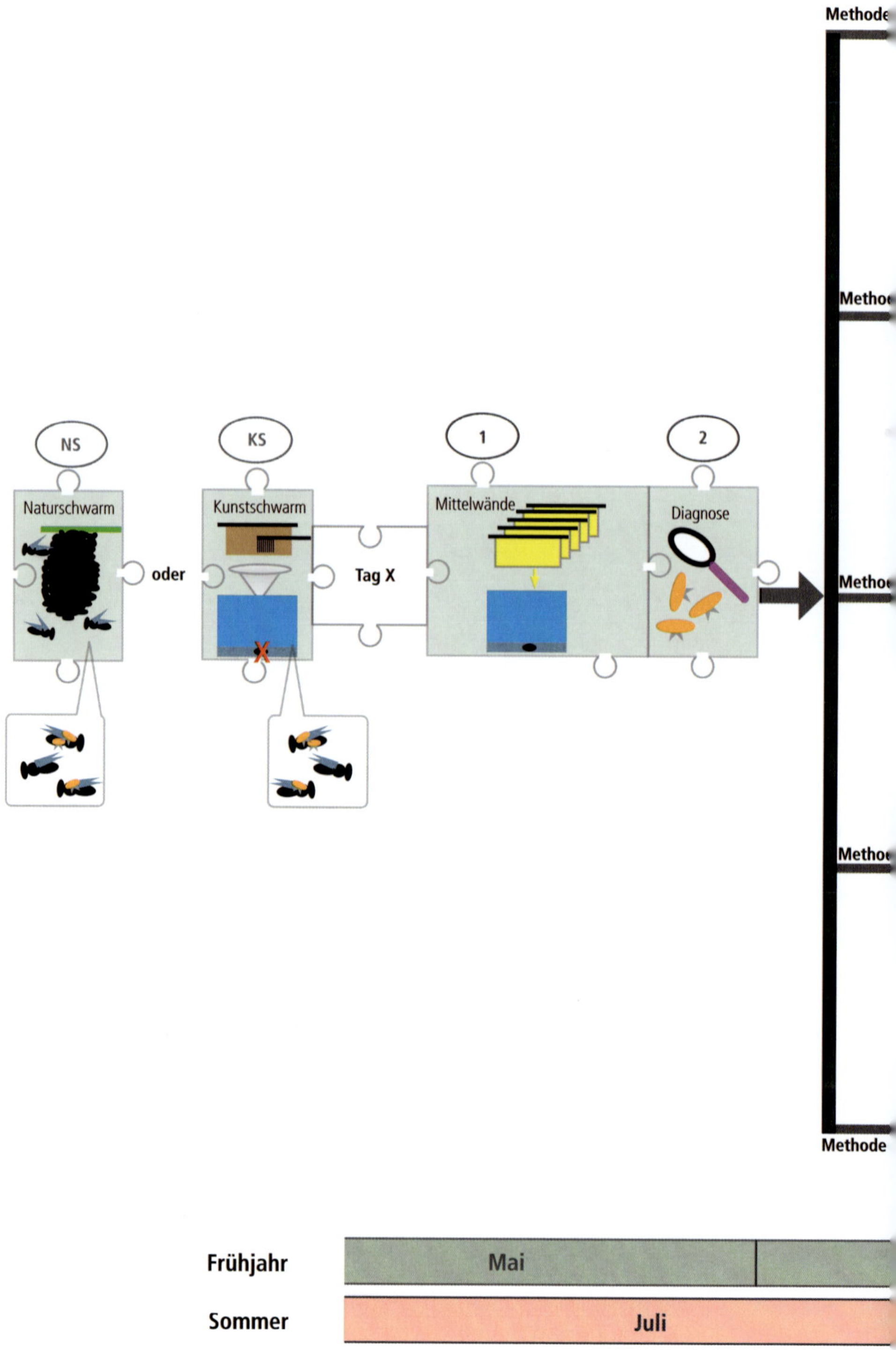

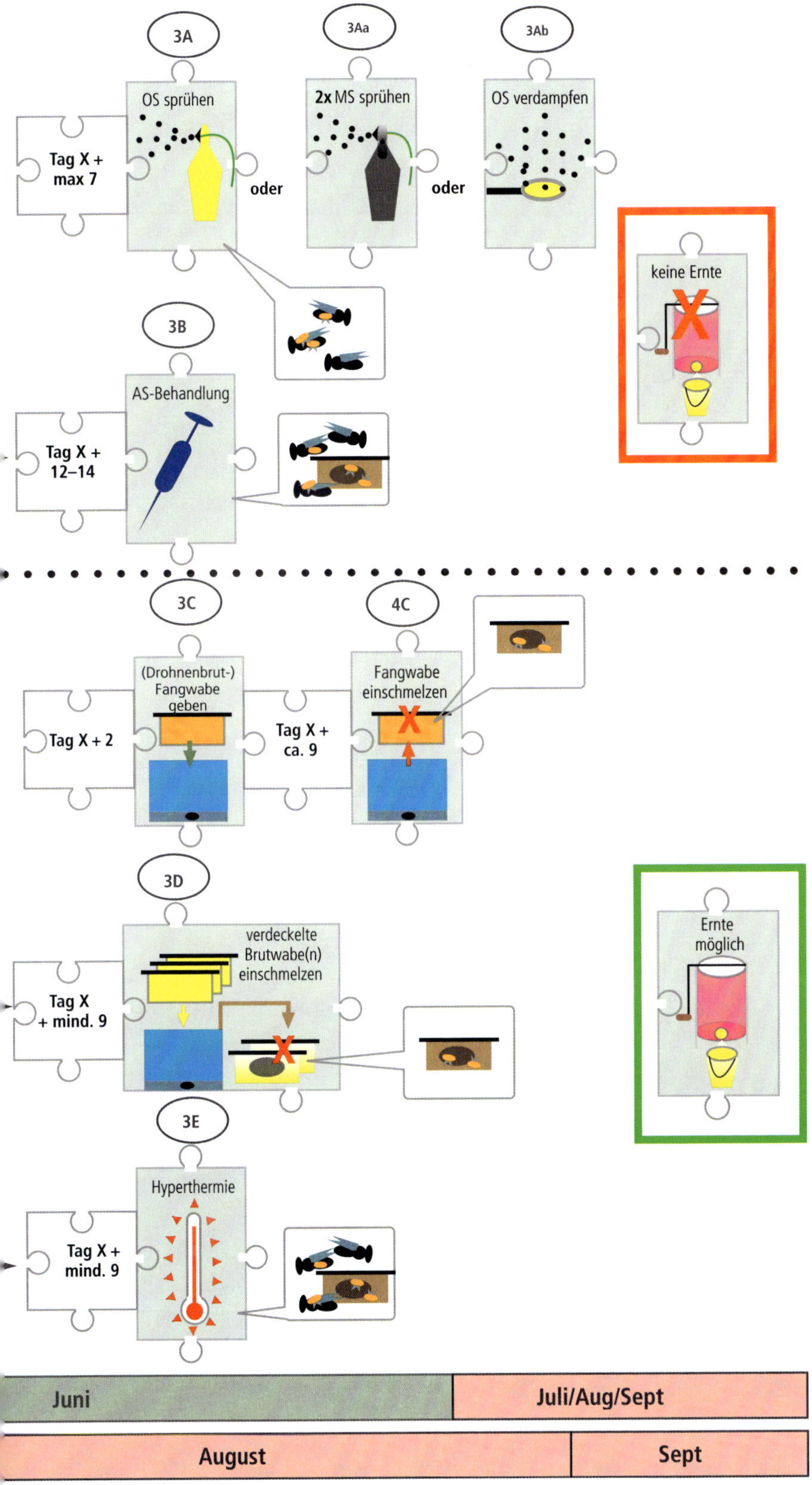
3A
Tag X + max 7
OS sprühen
oder
3Aa
2x MS sprühen
oder
3Ab
OS verdampfen
keine Ernte
3B
Tag X + 12–14
AS-Behandlung
3C
Tag X + 2
(Drohnenbrut-) Fangwabe geben
Tag X + ca. 9
4C
Fangwabe einschmelzen
3D
Tag X + mind. 9
verdeckelte Brutwabe(n) einschmelzen
Ernte möglich
3E
Tag X + mind. 9
Hyperthermie
Juni
Juli/Aug/Sept
August
Sept

SCHWARMFANG- UND KUNSTSCHWARMKASTEN

Was ist warum sinnvoll? Bitte vergessen Sie „historische", kleine Schwarmfangkästen, wenn der Natur- oder Kunstschwarm nicht verbrausen soll: Die alte Regel der früheren Korbimker über den Platzbedarf von (Kunst-)Schwärmen gilt heute noch: 1/3 Raum für den (Kunst-)Schwarm + 2/3 „Trommelraum" für die umherlaufenden und sich verteilenden Bienen. Sie können eine Beute mit Lüftungsboden und Lüftungsdeckel ausstatten, aber Vorsicht: Der komplette Schwarm kettelt sich an dem Lüftungsdeckel fest – dieser muss ausreichend stabil sein. Der Lüftungsboden funktioniert nur so gut, wie kaum/keine (toten/bewegungslosen) Bienen das Lüftungsgitter abdecken. Tipp: Beute während der Dunkelhaft auf die Seite drehen – dann stehen die Lüftungsflächen senkrecht und können zuverlässig die Belüftung sichern.
Weniger Volumen reicht aus in Gitterboxen für (Kunst-)Schwärme oder umgebaute Gitterpapierkörbe mit Deckel, da sie komplett aus Lüftungsgittern bestehen.

ARBEITEN SCHRITT FÜR SCHRITT

Am Tag X wird der Naturschwarm (NS) eingefangen oder der Kunstschwarm gebildet und bis zum Abend kühl und dunkel gelagert (Dunkelhaft, Kellerhaft: bei Bedarf wird etwas (!) Wasser durch die Lüftungsgitter auf die Bienen gesprüht, um ein Verbrausen der Bienen zu verhindern! Egal ob Schwarm oder Kunstschwarm, die Bienen bleiben erst einmal ohne Waben: Sie ketteln sich in der Beute unter dem Beutendeckel/der sich oben befindenen Wand als Traube auf.
Je nach Methode wird „weiche" Chemie eingesetzt und es muss daher auf eine Honigernte im selben Jahr verzichtet werden (Methode A und B); oder es werden biotechnische Verfahren zur Milbenbekämpfung durchgeführt (Methode C bis E), die eine Honigernte im selben Jahr zulassen:

(1) Möglichst noch am selben Abend wird der Schwarm (NS und KS) auf Mittelwände geschlagen/gesetzt und mit geöffnetem Flugloch aufgestellt. Der Kunstschwarm sollte möglichst außerhalb des Flugradius der Herkunftvölker aufgestellt werden und etwas Futterteig (walnussgroßes Stück) bekommen.
Das spätere Einschlagen auf Mittelwände, erst am Folgetag, hat den Nachteil, dass die Bienen erst verspätet mit dem Wabenbau beginnen können.
(2) Die Gemüll-Diagnose über Nacht reicht aus, um zu entscheiden, ob überhaupt eine Behandlung erforderlich ist. Daher die Varroa-Gemüllwindel (auch „Bodenschieber" oder Varroa-Diagnoseschale" genannt) in den Boden schieben.
0 – 3 Milben gefallen: keine Behandlung durchführen
> 3 Milben eine Behandlung durchführen (Methode A bis D)
Bei verpasster oder verspäteter Gemüll-Diagnose sind ab dem Zeitpunkt der verdeckelten Brut nur die Methoden B, D und E wirkungsvoll.

Beschreibung der Methoden und weitere Behandlungsschritte

Methode A – Sprühbehandlung nach dem Einschlagen auf Mittelwände und vor der Verdeckelung der ersten Brut
(3A) Am Tag X + max. 7 eine Sprühbehandlung mit Oxalsäure (siehe S. 142) durchführen. Alternativ: 2x Milchsäure sprühen (siehe S. 147) oder einmal Oxalsäure-Verdampfen (siehe S. 142).

Methode B – Ameisensäure-Behandlung nach der Verdeckelung der ersten Brut
(3B) Am Tag X + 12 – 14 eine Ameisensäure-Behandlung (siehe S. 136) im Volk mit verdeckelter Brut durchführen. Das ist ein optimaler Zeitpunkt, da noch keine jungen Bienen geschlüpft sind, die von der Ameisensäure geschädigt werden könnten.

Methode C – chemiefrei: Einsatz einer (Drohnenbrut-)Fangwabe
(3C) Am Tag X + 2, oder etwas später, aber unbedingt vor der Verdeckelung der Brut ab Tag X + 9, wird als Fangwabe eine Drohnenbrutwabe mit offener Brut (Stifte/Rundmaden) aus einem anderen Volk an die ersten ausgebauten Mittelwände gestellt. Varroamilben werden zur Vermehrung bevorzugt die Drohnenbrut aufsuchen. Hat man keine komplette Drohnenbrut-Wabe, würde auch eine ½- oder ⅓-Wabe mit offener Drohnenbrut reichen).
Keine Drohnenbrut vorhanden: Dann verwendet man eine Arbeiterinnen-Brutwabe mit möglichst vielen „dicken" (alten) Rundmaden, die kurz vor der Verdeckelung stehen. Die Arbeiterinnenbrut zieht die Varroamilben etwas weniger an - ist daher nicht ganz so effektiv in der Wirkung wie eine Drohnenwabe.
(4C) Tag X + ca. 9: Die verdeckelte (!) Fangwabe aus dem Volk nehmen, abfegen und einschmelzen. Als Ersatz erhält das Volk eine Mittelwand.

Über dieses Verfahren gibt es keine veröffentlichten Berichte über Erfahrungen. Es bleibt zu vermuten, dass einige „unwillige" Natur- oder Kunstschwärme die Brut aus der Fangwabe ausfressen bzw. herausputzen und somit das Verfahren wirkungslos ist.

Methode D – chemiefrei: Entnahme der ersten verdeckelten Brut
(3D) Tag X + mindestens 9, maximal 14: Es werden die Waben mit den größten verdeckelten Brutflächen (samt Varroamilben in den Brutzellen) entnommen und eingeschmolzen. Man gibt Mittelwände für die entnommenen Waben. Das Volk wird den Verlust schnell ausgleichen, wenn es groß genug ist. Zu kleine oder zu späte Natur- oder Kunstschwärme werden durch die Maßnahme in ihrer Entwicklung stark zurück geworfen.

Methode E – chemiefrei: Hyperthermie-Behandlung der verdeckelten Brut
(3E) Nach Tag X + mindestens 9 befindet sich erste verdeckelte Brut im Volk – man

Kunstschwarmbildung: Abfegen in den Trichter.

Sprühbehandlung des einlogierten Schwarms.

kann aber auch bis kurz vor dem Schlupf der ersten Bienen warten: Die verdeckelten Brutwaben werden bienenfrei einer Hyperthermie-Behandlung unterzogen (siehe S. 116).

Weitere Arbeitsschritte

(4) Außerhalb einer Massentracht und gutem Flugwetter unbedingt in kleinen Mengen kontinuierlich flüssig füttern (0,5 Liter oder kg pro Woche, nur bei Bedarf mehr), sonst verhungert das Volk. Das Flugloch gegen Räuberei einengen. Spätestens nach 2 – 3 Wochen kontrollieren, ob das Volk weiselrichtig ist. Nach wenigen Wochen wird die Bienenmasse schrumpfen, bis erste geschlüpfte Bienen zum Wachstum des Volkes beitragen. Dieser Prozess ist ganz normal, denn die Lebenserwartung der Bienen ist begrenzt.
(5) Im Abstand von 3 – 4 Wochen mittels (Gemüll-)Diagnose die Milbensituation überwachen. Bei einer Fallrate von > 5 Milben pro Tag bald (innerhalb von 1 – 2 Wochen), bei > 10 Milben pro Tag sofort behandeln: (Spät-)Sommer-Maßnahmen mit „weicher“ Chemie
(6) Bei hoher Milbenfallrate mit der effektiven Ameisensäure behandeln (siehe S. 136). Verfahren mit Brutpause, Bannwabe oder die Totale Brutentnahme kommen nicht in Betracht, da das Volk hierdurch zu stark in seinem Wachstum „gehemmt“ werden könnte.
(7) Fortsetzung der (Winter-)Auffütterung.
Winterbehandlung
(W1) (Gemüll-)Diagnose in der brutlosen Zeit im November/Dezember.

BEKÄMPFUNG BEI NATUR- UND KUNSTSCHWÄRMEN
Tabelle zum Download

(W2) Winterbehandlung nach Bedarf (siehe S. 121) – es steht jedoch „weiche“ Chemie zur Verfügung: Biotechnische „chemiefreie“ Maßnahmen können erst wieder im Frühjahr durchgeführt werden.

Späte Natur- und Kunstschwärme

Diese tragen mit hoher Wahrscheinlichkeit ab Anfang/Mitte Juli mehr Varroamilben als frühe, da insgesamt die Varroabelastung der Völker in dieser Zeit stark ansteigt. Deshalb empfiehlt der Autor zu diesem Zeitpunkt die Behandlung mit den Methoden A oder B.

Kunstschwärme sollten darüber hinaus ausreichend groß gebildet werden: In den Monaten Mai bis Ende Juni sind 1,0 bis 1,3 kg Bienen ein gutes Startgewicht. Spätere Kunstschwärme (Juli/August) sollten 1,6 bis 2,0 kg schwer sein.
Tipp: Beim Abfegen eine (Personen-)Waage unter den (Kunstschwarm-)Kasten stellen. Kleine Schwärme nach dem Anlegen eines Brutnestes rechtzeitig verstärken bzw. vor der Einwinterung (spätestens Oktober) mit anderen Völkern vereinigen.

TYPISCHE FEHLER

Der Umgang mit Natur- und Kunstschwärmen ist meist nicht (intensiver) Teil einer Hobby-Imkerausbildung, hier liegen folgende zu beachtende Fehler-Schwerpunkte:

— Verbrausen von Natur- und Kunstschwärmen, wenn sie während der Kellerhaft (Dunkelhaft) zu hell oder warm stehen sowie nicht genügend Luft bekommen.
  Besser: Geeignete Beute (siehe S. 112), Standort dunkler und kühler (Keller-)Raum sowie ausreichend Wasser in die Beute sprühen. Bei Anzeichen des Verbrausens die Beute sofort nach draußen in den Schatten stellen und ein Flugloch öffnen. Meist beruhigt sich das Volk bis zum Abend.

Natur- und Kunstschwärme bauen viele Mittelwände aus.

— Verhungern von Natur- und Kunstschwärmen: Ein Kunstschwarm hat nicht genügend Honig in den Honigblasen und benötigt ein Minimum Futter (z. B. einen Klumpen Futterteig durch die Gaze drücken). Einen Naturschwarm nur füttern, wenn er bei Trachtmangel und Kühle bereits länger gehangen und die Honigblasen-Vorräte aufgebraucht hat. Möglichst kontinuierlich kleine/kleinste Futtermengen geben.

— Naturschwarm ist nach dem Einschlagen wieder abgeflogen. Nicht in jedem Fall kann man eine Ursache dafür im Nachhinein ausmachen – Schwärme haben ihre eigene Dynamik und Strategie! Mögliche Ursachen können sein:
› zu kleine Beute
› schlecht belüftete Beute
› Schwarm (flüssig) gefüttert: Die Bienen konnten wieder Reiseproviant aufnehmen
› Schwarm auf ausgeschleuderte, honigfeuchte Waben gesetzt
› der Schwarmtrieb war bereits zu weit fortgeschritten (Bienen in „Reisestimmung")
› keine Königin im Schwarm

— Schwarm ist verbraust. Nach dem Aufstellen: Flugloch nicht geöffnet oder (Boden-)Lüftungsgitter/Flugloch sind durch abgestorbene Bienen verstopft. **Besser:** Flugloch und Lüftungsgitter kontrollieren!

— Kunstschwarm ist abgeflogen. Den Kunstschwarm auf den Standplatz der Herkunftsvölker aufgestellt, ausschließlich Flugbienen zur Bildung verwendet. **Besser:** Aufstellung außerhalb des Flugradius von 3 km; ein besseres Bienengemisch entsteht, wenn auch Jungbienen von offenen Brutwaben oder aus dem Honigraum von offenen Honigwaben abgefegt werden. Es können problemlos Bienen aus verschiedenen Völkern hierfür verwendet werden.

— Kunstschwarm ist zu klein/zu klein gebildet.

#11 HYPERTHERMIE (WÄRMEBEHANDLUNG)

Prinzip

– 100 % biotechnisch

Verdeckelte Brutwaben werden von Bienen befreit und für 2 Stunden in das Hyperthermie-Gerät (z. B. „Varroa Controller") gestellt und langsam auf 40 Grad C aufgeheizt: Varroamilben werden hierdurch geschädigt, steril oder getötet - die Normaltemperatur im Bienenvolk beträgt rund 35 Grad C. Die Temperatur der Brutwaben wird über Messfühler sehr exakt gemessen und vollautomatisch gesteuert, da ansonsten bei Überhitzung nicht nur die Varroamilben (in den Brutzellen), sondern auch die Bienenbrut geschädigt wird. Danach wird die Brut zurück in die Völker gestellt. In einem bewährten Jahreskonzept werden in Kombination mit der Wärmebehandlung weitere Maßnahmen empfohlen, denn allein reicht dieses Verfahren nicht aus:

— Drohnenbrutschneiden
— Bilden eines Brutablegers (mit anschließender Wärmebehandlung)
— Einsatz einer Bannwabe (eventuell mit anschließender Wärmebehandlung) im Sommer
— Restentmilbung mit „weicher Chemie" im Winter

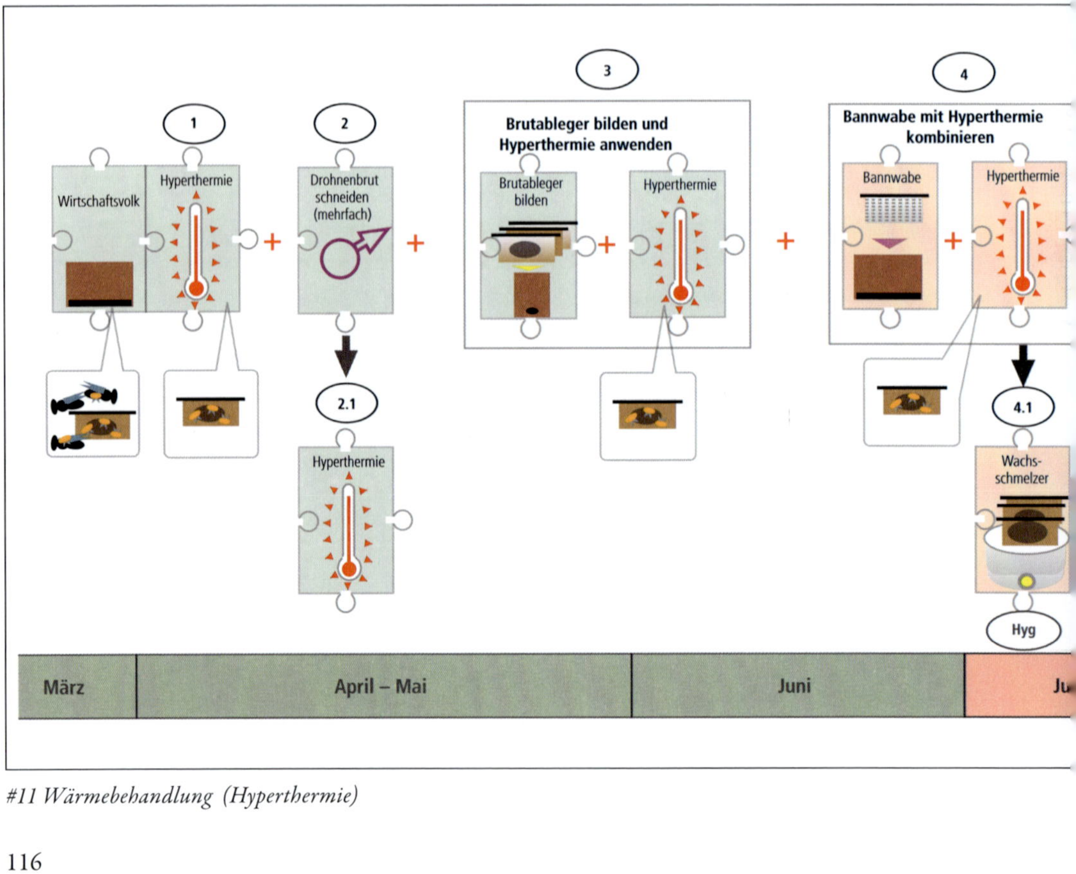

#11 Wärmebehandlung (Hyperthermie)

Jahreszeit
Jan. Feb. März **April** **Mai** **Juni** **Juli** **Aug.** **Sept.** **Okt.** Nov. Dez.

Verringerung der Varroa-Population

Witterungsabhängigkeit der Methode

Keine Abhängigkeit, jedoch sollten die Außentemperatur zwischen 18 – 30 Grad Celsius betragen.

Einfluss auf die Schwarmneigung

keinen

Wabenerneuerung

Beim Wärmeverfahren findet keine Wabenerneuerung statt. Wird das Bannwabenverfahren eingesetzt, können sämtliche Brutwaben erneuert werden.

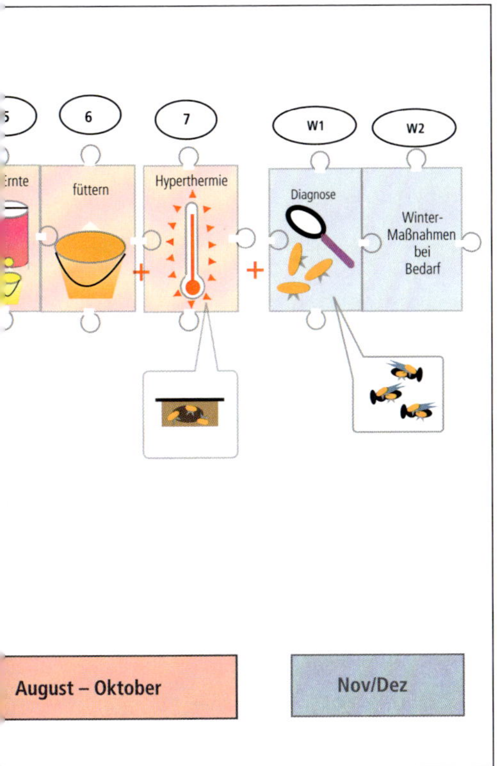

Königinerneuerung

keine Erneuerung – aber am Ende des Bannwabenverfahrens kann das Volk einfach und schnell umgeweiselt werden

Einfluss auf die Völkerzahl

Nein, keine Zunahme – es sei denn, es wird ein Brutableger gebildet.

Benötigtes Material

- Ein geeignetes Hyperthermie-Gerät (z. B. „Varroa Controller").
- Für den Betrieb des Hyperthermie-Gerätes ist eine leistungsfähige Stromquelle oder ein Stromgenerator nötig.
- Für den Betrieb ist (Leitungs-) oder destilliertes Wasser erforderlich – die Mengen lassen sich in einem Kanister transportieren.

In verschiedenen Beuten möglich

- Bei allen Beuten mit beweglichen Brutwaben.
- Je Wärmebehandlung sind nur gleich große Waben zugelassen: Andersformatige Waben müssen in einem weiteren Arbeitsgang erwärmt werden.

Schwierigkeitsgrad

Das Verfahren bedarf einer guten Einweisung und der Einhaltung der Anleitung.

Zeitbedarf

Hoher Zeitbedarf je Anwendung (ca. 2 Stunden).

Kollidiert die Maßnahme mit der Honigernte?

Nein – kein Einfluss auf die Honigernte (Honigmenge und Rückstände).

Vorteil des Verfahrens

völlig chemiefrei, keine Rückstände

Nachteile des Verfahrens

- Geringe Schädigungsraten der Brut sind in Kauf zu nehmen – diese werden vom Volk schnell ausgeglichen.
- Hohe Anschaffungskosten – die Kosten können jedoch durch die Beschaffung und Nutzung durch mehrere Imker reduziert werden.
- Strombedarf während der Anwendung.

ARBEITEN SCHRITT FÜR SCHRITT

(1) Die erste Wärmebehandlung von 1 – 2 verdeckelten Brutwaben wird Anfang April durchgeführt (Außentemperatur mindestens 18 Grad C). Die meisten Varroamilben sind zu diesem Zeitpunkt in der verdeckelten Brut, nur wenige Milben werden sich auf den Bienen befinden.
(2) Zusätzlich wird mehrfach verdeckelte Drohnenbrut geschnitten, um die Milbenmenge zu reduzieren (Details siehe S. 40). Die Drohnenbrut kann anstelle der Vernichtung (Einschmelzen) einer Wärmebehandlung (2.1) unterzogen werden. Es besteht jedoch die Gefahr, dass die Drohnen für die Begattung einer Königin „ungünstig“ geschädigt werden können (geringere Spermienzahl) – deshalb tendiert der Autor zum Einschmelzen der Drohnenbrut.
(3) Das Bilden eines Brutablegers reduziert mit den entnommenen Brutwaben die Varroapopulation im Wirtschaftsvolk (Details siehe S. 46). Die verdeckelten Brutwaben werden direkt oder spätestens kurz vor dem Schlupf der Brut einer Wärmebehandlung unterzogen.
(4) Der Hersteller des „Varroa Controller“ empfiehlt als erste Sommerbehandlung den Einsatz einer Bannwabentasche für zwei Waben, einer „Duplex-Wabentasche“. Die verdeckelte Brut in der Bannwabentasche kann ebenfalls einer Wärmebehandlung unterzogen werden (Alternative: Einschmelzen). Durch das 24 Tage dauernde Bannwabenverfahren ist das Volk bis auf die Bannwaben brutlos – dies kann für einen Wabenwechsel (Wabenhygiene) aller oder der dunklen Brutwaben genutzt werden: Entweder werden Mittelwände oder ausgeschleuderte, ausgeleckte Honigwaben gegeben. **Tipp:** Für Futterreserven sorgen!
(4.1) Einschmelzen der dunklen Waben im Wachsschmelzer.
(5) Je eher die letzte Honigernte erfolgt, desto schneller kann mit der Fütterung begonnen werden.
(6) Fütterung: Der Ausbau von Mittelwänden wird mit entsprechend „dünner“ Zuckerlösung in kleinen Mengen gefördert. Später wird, wie auch bei der Gabe ausgebauter Waben, mit der Wintereinfütterung in

WÄRMEBEHANDLUNG

Mit dem „Varroa Controller“ steht ein funktionierendes Gerät zur Wärmebehandlung zur Verfügung.
Die technische Herausforderung dieser Behandlungsmethode besteht in einer sehr genauer Temperaturmessung und -regulierung, denn bereits minimale Abweichungen können zum Absterben oder Schädigen der Bienenbrut oder zu geringer Wirkung auf die Varroamilben führen. Der wissenschaftliche Hintergrund des Verfahrens wurde von Prof. Dr. Wolf Engels erforscht – diese Erkenntnisse sind in die Entwicklung des „Varroa Controller“ eingeflossen.
Aus Platzgründen muss auf Details der Behandlung verzichtet werden: Die Hersteller-Anleitung des Gerätes ist im Internet einsehbar und unbedingt zu befolgen – es gibt außerdem Filme und kostenfreie Dokumentationen.
Dagegen ist das Erwärmen kompletter Bienenvölker samt Bienen (z. B. „Bienensauna“) eine Sackgasse – dies funktioniert nicht, da das Bienenvolk ständig die Temperatur im Beuteninneren abkühlen will und gegen die künstliche Erwärmung arbeitet (Stress!). Geeignet sind nur Verfahren, bei denen ausschließlich verdeckelte Brutwaben in einem separaten Gerät aufgeheizt werden.

01

02

03

kleinen Mengen begonnen, um die Brutaktivität zu fördern und nicht zu behindern. Engen Sie unbedingt das Flugloch vor der Fütterung auf wenige Zentimeter ein, dies verhindert die Räuberei und die damit verbundene „Re-Infektion“ mit Milben. Die nötige Luftzufuhr durch das geöffnete Varroagitter sichern, damit das Volk nicht verbraust!

(7) Falls die Milbenpopulation zu stark steigt (Kontrolle über (Gemüll-)Diagnose, Milben-Fallraten über 5 Milben pro Tag), werden verdeckelte Brutwaben der Wärmebehandlung unterzogen.

(W1) (Gemüll-)Diagnose in der brutlosen Zeit im November/Dezember.

(W2) Winterbehandlung nach Bedarf (S. 121)

01 Mit dem Bannwabenverfahren wird das Volk von Milben entlastet: Platz für die Bannwabentasche im Brutraum.

02 Vorbereitung der Wärmebehandlung im Varroa-Controller.

03 Die verdeckelten Bannwaben enthalten Milben, die nicht mit schlüpfenden Bienen freikommen sollten.

ALTERNATIVE BEHANDLUNG IM SOMMER

Am Ende des Bannwabenverfahrens stehen alternative Behandlungsmittel zur Verfügung: Im Arbeitsschritt (4) wird die Hyperthermie-Behandlung der verdeckelten Bannwaben empfohlen. Der Autor zieht das Einschmelzen der Bannwaben (4.1) vor, da Varroamilben die Bienenbrut bereits geschädigt haben.

Zusätzlich kann man die (wenigen) ausschließlich auf Bienen verbliebenen Varroamilben mit „weicher Chemie“ bekämpfen. Hierzu sollte eine (Gemüll-)Diagnose zur weiteren Entscheidung durchgeführt werden: Fallen mehr als 5 Milben pro Tag, ist eine Sprühbehandlung mit Oxalsäure (siehe S. 142), eine zweifache Sprühbehandlung mit Milchsäure (siehe S. 147) oder eine Oxalsäure-Verdampfung (siehe S. 142) durchzuführen. Eine Behandlung mit Ameisensäure ist nur empfehlenswert, wenn das Volk eigene verdeckelte Brut angelegt hat und die Milbenfallraten bei > 10 Milben/Tag liegen.

KOSMOS PLUS

HYPERTHERMIE
Tabelle zum Download

TYPISCHE FEHLER

- Jede Nichteinhaltung der Anleitung des „Varroa Controller“ bedeutet die Gefahr der Überhitzung und somit stärkere Schädigung der Bienenbrut oder bei zu geringer Temperatur eine (zu) geringe Wirkung der Wärmebehandlung auf die Varroamilben.
- Die Verwendung unterschiedlich großer Brutwaben während einer Anwendung kann zu ungünstigen bis nicht ausreichenden Temperaturen führen. Unterschiedlich große Brutwaben in unterschiedlichen Arbeitsgängen behandeln.
- Die alleinige Wärmebehandlung von verdeckelten Brutwaben reicht als Jahresbekämpfungskonzept nicht aus – ganz besonders in Fällen von Milbenreinfektion durch Räuberei und Verflug in Gegenden mit hoher Bienendichte.
- Fehlende (Gemüll-)Diagnose im Laufe des Bienenjahres (siehe S. 19) kann zu einem Nichterkennen des Anstiegs der Varroapopulation über die Schadschwelle hinaus führen.
- Wenig Erfahrung erschwert den Erfolg.

Größere Imkereien arbeiten mit mehreren Varroa-Controllern.

WINTERBEHANDLUNG #12

Prinzip
– 100 % „weiche Chemie“
Drei Wochen nach dem ersten Frost sind die Bienenvölker brutfrei und können effektiv mit „weicher“ Chemie behandelt werden, da die Varroamilben ausschließlich auf (von der Chemie) leicht erreichbaren Bienen sitzen. In Frage kommen:
Methode A – einmalige (!) Träufelbehandlung mit Oxalsäure-Präparaten
Methode B – Sprühbehandlungen entweder zweimalig mit Milchsäure oder einmalig mit Oxalsäure
Methode C – Oxalsäure-Verdampfung (ein- bis zweimalig)

Es gibt keine Methode zur biotechnischen Winterbehandlung – der nächste „chemiefreie“ Bekämpfungsschritt kann erst im Frühjahr erfolgen.

Jahreszeit

Jan.	Feb.	März	April	Mai	Juni
Juli	Aug.	Sept.	Okt.	**Nov.**	**Dez.**

Verringerung der Varroa-Population
sehr effektiv

Witterungsabhängigkeit der Methode
gering (Brutlosigkeit)

Kein Einfluss auf
— Wabenerneuerung
— Schwarmneigung
— Königinerneuerung
— Völkerzahl

Benötigtes Material
Bekämpfungsmittel – siehe bei den einzelnen Wirkstoffen und Methoden

In verschiedenen Beuten möglich
In allen Beuten möglich – nur die Sprühbehandlung ist auf bewegliche Waben angewiesen!

Schwierigkeitsgrad je nach Behandlungstyp
Methode A – einfach
Methode B – schwierig
Methode C – mittel

Zeitbedarf
Je nach Methode gering (A) bis höher (B und C).

Kollidiert die Maßnahmen mit der Honigernte?
Nein – kein Einfluss auf die Honigernte: Zwischen der Winterbehandlung und der nächsten Honigernte liegen viele Monate!

Vorteile des Verfahrens
— Schnelle und effektive Bekämpfung der Milben.
— Behandlung mit sehr geringen Nebenwirkungen (Methode C), geringen Nebenwirkungen auf den Bienenorganismus (Methode A und B).
— Die Völker starten im folgenden Jahr mit (sehr) geringer Milbenlast.

Nachteile des Verfahrens
Methode A – Wintertrauben, die in zweizargigen Bruträumen sitzen, erfordern ein Ankippen/Abheben des oberen Raumes (Quetschgefahr von Bienen und größere Störung)
Methode B – Sprühbehandlungen bedeuten eine erhebliche Störung der Wintertraube sowie meist den Tod von abfliegenden Bienen durch Unterkühlung.

Methode C – Zeitaufwand
Hinweis: Für die Varroatoleranz-Zucht und -Selektion wäre es von Vorteil, wenn man diejenigen Völker beobachten und selektieren kann, die gut mit einer Milbenlast über den Winter kommen bzw. im Frühjahr starten. In dicht mit Bienen besiedelten Regionen (Städten) wird zur Zeit von Imkern die Gefahr der Reinfektion mit Milben durch Räuberei und Verflug gewichtiger bewertet als dieses Zuchtziel. Eine Auflösung dieses „Interessenkonfliktes" ist momentan nicht absehbar.

ARBEITEN SCHRITT FÜR SCHRITT

Das Behandlungsziel ist es, den natürlichen Milbenfall unter 0,5 Milben pro Tag zu bringen:

Die Winterbehandlung wird bei Kälte durchgeführt.

(1) Das eingewinterte Bienenvolk enthält ausreichend Winterfutter, das Flugloch ist mit dem Mäusegitter geschützt und die Varroawindel ist bisher (meist) geöffnet gewesen: Schutz vor Schimmelbildung und Unterstützung der Brutlosigkeit – nur zur Winterbehandlung wird die Gemülleinlage (Gemüllwindel) eingeschoben (unerläßlich für die Wirksamkeit von Methode C).
(2) Drei Wochen nach dem ersten Frost ist das Volk brutlos: (Gemüll-)Diagnose meist im November/Dezember über die Dauer von einer Woche durchführen. Bei Milbenfallzahlen (umgerechnet) unter 0,5 Milben pro Tag kann auf eine Winterbehandlung verzichtet werden. Viele Imker behandeln ohne (Gemüll-)Diagnose, um die Milbenpopulation möglichst gering zu halten.

Tipp: Das Gemüll genau ansehen – Zelldeckel sind ein Beleg für geschlüpfte Brut, also verdeckelte Brut. Beim Auftreten von Zelldeckeln die Diagnose nach einer Woche wiederholen: Ende des Bienenschlupfes?

(3) Bei Bedarf die Winterbehandlung durchführen. Tipp: Besonders bei den Methoden A und B ist die Behandlung zu zweit schneller durchführbar und dadurch bienenfreundlicher als eine „langsamere" Behandlung:
(3A) Methode A – Träufelbehandlung mit einem Oxalsäure-haltigen Präparat (siehe S. 142). Je kühler desto besser – je dichter die Bienentraube sitzt, desto effektiver wirkt die Oxalsäure. Abweichend von Beipackzettel-Informationen behandeln viele Imker im Temperaturbereich von + 5 bis - 5 Grad Celsius. Dosierung beachten (Beipackzettel).
(3B) Methode B – Zweifache Spühbehandlung mit Milchsäure im Abstand von 3 Tagen. Die bienenbesetzten Waben ziehen und die Bienen besprühen (siehe S. 147).
(3B#) Möglich ist auch eine einmalige Sprühbehandlung mit Oxalsäure (siehe S. 142).

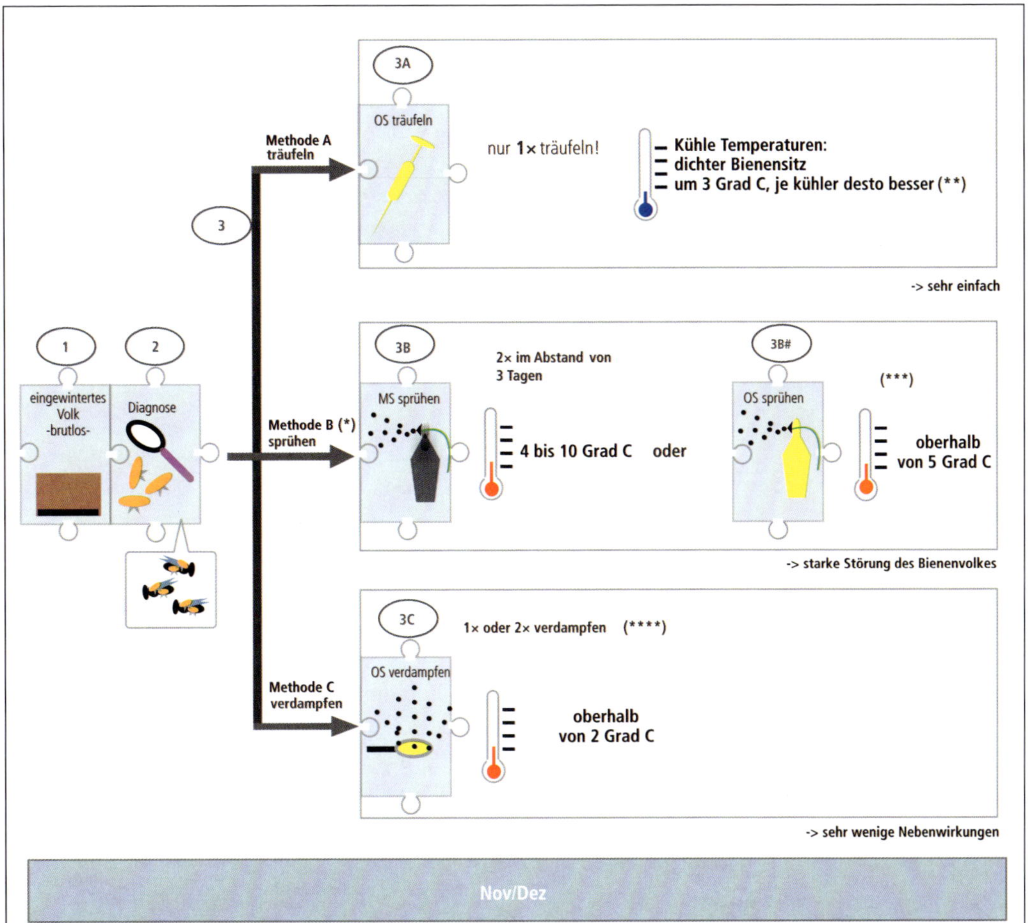

(*) Sprühbehandlungen im Winter werden eher selten durchgeführt: auffliegende oder herabfallende Bienen unterkühlen sich und sterben schnell! Der Arbeitsaufwand ist außerdem sehr hoch!

(**) Erfahrungswerte, Herstellerangaben empfehlen Temperaturen zwischen +5 und –5 Grad C

(***) Diese Behandlungsform ist auch im Winter möglich, ist bisher nicht weit verbreitet, Gründe siehe (*)

(****) 1x anwenden, bei anschließendem Milbenfall **bis < 500 Milben, 2x anwenden bei > 500 Milben** (wenige Tage Abstand zwischen den Behandlungen)

#12 Winterbehandlung

Hinweis für (3B) und (3B#): Sprühbehandlungen im Winter werden nur von sehr wenigen Imkern durchgeführt, da der Aufwand sehr hoch ist: Ziehen aller mit Bienen besetzten Waben – außerdem unterkühlen/verenden die abfliegenden Bienen schnell!
(3C) Methode C – Die Oxalsäure-Verdampfung wirkt bei etwas höheren Temperaturen (oberhalb von + 2 Grad Celsius) effektiver als bei niedrigen, da die Bienen locker sitzen und der Wirkstoff besser die Milben auf den Bienen erreichen kann. Während der Anwendung muss die Gemülleinlage (Gemüllwindel) eingelegt sein! Wiederholung der Verdampfung, wenn mehr als 500 Milben nach der 1. Verdampfung gefallen sind.

TYPISCHE FEHLER

— Die Winterbehandlung beim Vorhandensein von verdeckelter Brut durchgeführt und damit die Milben in den Brutzellen nicht erreicht. Besser: Warten bis das Volk brutlos ist oder die verdeckelte Brut ausschneiden.

Je niedriger die Außentemperatur, desto enger sitzt die Wintertraube.

Bei der Träufelbehandlung werden die Bienen, nicht die Waben, mit der Oxalsäurelösung beträufelt.

— Winterbehandlung nach dem Kalender, nicht nach der realen Witterungssituation, durchgeführt: (Starke) Frostnächte sind ein sicherer Auslöser des Brutstopps in den folgenden 3 Wochen. Falls man erst bis Mitte/Ende Dezember wartet, können die Bienen bei steigenden Außentemperaturen bereits wieder das Brüten begonnen haben (verdeckelte Brut!).

— Zwei- oder gar dreimal eine Träufelbehandlung im Winter durchgeführt: Das Bienenvolk schrumpft sehr bald oder stirbt! Hinweis: Die Anwendung des gleichen Wirkstoffes im Frühjahr oder Sommer ist hiermit nicht gemeint – ausschließlich die Winterbehandlung!

— Beim Umgang mit den Bienen unnötig Bienen getötet durch:

› Abstellen von Deckel oder Waben in die Kälte – herunterfallende Bienen unterkühlen schnell und sterben.
Besser: Die Bienen direkt auf die Wintertraube stoßen oder fegen.

› Behandlungsfehler je nach Methode siehe dort bzw. siehe Checklisten der jeweiligen Verfahren.

› Auffliegende Bienen setzen sich in der Umgebung ab und unterkühlen (sterben).
Besser: Sofort durch Träufeln oder Sprühen die Bienen „anfeuchten“ und vom Abfliegen hindern. Besonders beim Sprühen sollte man zügig arbeiten (am besten zu zweit), damit möglichst keine Bienen auffliegen. Unbedingt Rauch anwenden, falls die Bienen abfliegen wollen – oder die Behandlung bei niedrigeren Außentemperaturen durchführen.

— Zu langsames Arbeiten führt zur Abkühlung der gesamten Wintertraube, eigentlich halten dies Bienenvölker aus! **Besser:** schneller oder zu zweit arbeiten!

— Völlig falsches Medikament im Winter verwendet: AS oder Thymol wirken nicht bei niedrigen Temperaturen!

#12 TRÄUFELBEHANDLUNG

TRÄUFELBEHANDLUNG Wirkstoff/Präparat (Hersteller) Bsp.	**KOMPONENTEN** anmischen/fertig	**OPTIMALE AUßEN-TEMPERATUR** (Herstellerangaben)	**DOSIERUNG**	**WIE HÄUFIG ANWENDEN?**
OXUVAR® Oxalsäure-Dihydrat Lösung 3,5 % (Andermatt BioVet AG)	2 Komponenten: Flüssigkeit und Zucker – anmischen	um + 3 Grad C	30 ml kleines Volk 40 ml mittleres Volk 50 ml großes Volk	einmalig
Oxalsäure Bernburg 40 mg/g (Serumwerk Bernburg)	2 Komponenten: Flüssigkeit und Zucker – anmischen	ab + 4 Grad C	30 ml kleines Volk 40 ml mittleres Volk 50 ml großes Volk	einmalig
VarroMed®: Oxalsäure-Dihydrat (44 mg) und Ameisensäure (5 mg) (BeeVital GmbH)	gebrauchsfertig	ohne Angaben	15 ml (5 000–7 000 Bienen) 30 ml (7 000–12 000 Bienen)	einmalig
Dany`s Bienenwohl® Oxalsäure-Dihydrat Lösung (Dany Bienenwohl GmbH)	2 Komponenten: Flüssigkeit und Zucker – anmischen	ab +3 Grad C	5–6 ml je Waben-gasse max. 54 ml je Volk	einmalig

#12 WINTERBEHANDLUNG: SPRÜHBEHANDLUNG

SPRÜHBEHANDLUNG Wirkstoff/Präparat (Hersteller) Bsp.	**KOMPONENTEN** anmischen/fertig	**OPTIMALE AUßEN-TEMPERATUR** (Herstellerangaben)	**DOSIERUNG**	**WIE HÄUFIG ANWENDEN?** (Herstellerangaben)
Milchsäure Bernburg 150 mg/g (Serumwerk Bernburg)	gebrauchsfertig	+ 10 Grad C bis + 4 Grad C	8 ml pro besetzter Wabenseite	2. Behandlung im Abstand von 3 Tagen
OXUVAR 5,7 %® Oxalsäuredihydrath-Lösung (Andermatt BioVet AG)	2 Komponenten: Flüssigkeit – Trink-wasser hinzugeben	+ 8 Grad C und höher	bienenbesetzte Wabenseite: 2–3 ml DNM, 3–4 ml Dadant	nur bei stark be-fallenen Völkern 2. Behandlung nach 2 Wochen
oder Oxalsäure Bernburg 40 mg/ml (Serumwerk Bernburg)	ebenso	+ 4 Grad C und höher	ebenso	

#12 WINTERBEHANDLUNG: VERDAMPFUNG

VERDAMPFUNG Wirkstoff/Präparat (Hersteller) Bsp.	**ANWENDUNG** (Bsp.)	**OPTIMALE AUßEN-TEMPERATUR** (Herstellerangaben)	**DOSIERUNG**	**WIE HÄUFIG ANWENDEN?**
VARROXAL ad us. vet., Oxalsäure-Dihydrat Pulver (Andermatt BioVet AG)	in Kombination mit elektrischem VARROX-Verdampfer	+ 2 Grad C bis + 10 Grad C	1 g (= 1 Messlöffel) für 1 Zarge 2 g (= 2 Messlöffel) für 2 Zargen/Dadant	2. Behandlung bei Milbenfall > 500 Milben (innerhalb weniger Tage)

#13 NOTBEHANDLUNG GANZJÄHRIG

Prinzip

- 100 % „weiche Chemie“
- biotechnisch und „weiche Chemie“ kombiniert

Das Volk soll möglichst schnell von der „Varroa-Last“ befreit werden:

— durch den sofortigen Einsatz schnell wirkender Ameisensäure gegen Milben auf den Bienen und in der verdeckelten Brut (Methode A).

— nach Entfernen sämtlicher verdeckelten Brutwaben werden die Milben, die auf den Bienen sitzen, durch schnell wirkende „weiche“ Chemie bekämpft (Methode B und C). Auch bei einer Notbehandlung im Winter sollte diese Brut vor dem Einsatz von „weicher“ Chemie aus dem Volk entfernt werden.

Ob ein stark von Varroamilben und Viren geschädigtes Volk nach der Notbehandlung wirklich gerettet ist, bleibt ungewiss: Evtl. müssen weitere Maßnahmen wie die Vereinigung mehrerer „geretteter“ Völker durchgeführt werden. Schlimmstenfalls können die Schädigungen der (Winter-)Bienen durch Milben und Viren letztendlich trotz aller Maßnahmen zum Absterben führen.

Jahreszeit

ganzjährig **Jan.** bis **Dez.**

In verschiedenen Beuten möglich

je nach Methode: in allen Beuten anwendbar

Schwierigkeitsgrad

auch für Anfänger geeignet

Zeitbedarf

gering

Kollidiert die Maßnahme mit der Honigernte?

Bei Notbehandlungen im Frühjahr oder Sommer sollten vorhandene Honigräume vor der Notbehandlung vom Volk genommen und einem anderen Volk aufgesetzt werden – nach der Notbehandlung („weiche Chemie“) darf im selben Jahr kein Honig geerntet werden!

Vorteil des Verfahrens

letzte Chance zur Rettung des Volkes

ARBEITEN SCHRITT FÜR SCHRITT

Für den Zeitraum März bis Ende September/Oktober stehen dieselben Bekämpfungsmethoden zur Verfügung (geeignete Witterung und Wärme). Für den anschließenden Winterzeitraum siehe unten.

(1) Das Volk ist auffällig/„verdächtig“ bei der vorangegangenen Volksdurchsicht oder (Gemüll-)Diagnose mit hohen Milbenfallzahlen (über > 10 Milben pro Tag) oder Alarmsignale: sichtbare Milben auf Bienen oder Waben, verkrüppelte Bienen und schrumpfende Bienenmasse (siehe S. 19).

(2) Durchführung einer intensiven Untersuchung des Volkes (aller Völker auf dem Bienenstand) von Brut und Bienen, um die Situation zu klären (Schädigungsgrad der Völker, vorhandene Bienenmasse, Schädigung von Brut und Bienen.

Bei der Entscheidung für eine Notbehandlung:

(3) Vorhandene Honigwaben werden aus dem Volk genommen (evtl. bienenfrei auf Nachbarvolk aufgesetzt) und überflüssiger

In der verdeckelten Brut sitzen Varroamilben.

Ausschneiden der verdeckelten Brut.

Raum oder Waben entfernt, damit das Volk eng in der Beute sitzt.
(4) Durchführung einer schnellen und sicheren Behandlung:

Methode A (4A) – Ameisensäure-Behandlung – die Witterungsbedingungen sollten unbedingt optimal sein: kein Regen, Temperaturen zwischen 20 und 25 (30) Grad Celsius (siehe S. 136).

Methode B (4B) – Entnahme und Abfegen der verdeckelten Brutwaben oder sämtlicher Brutwaben (einschmelzen).
(5B) Die verbliebenen Milben sitzen alle auf den Bienen: einmalige Oxalsäure-Sprühbehandlung durchführen. Alternative Behandlungsmittel sind eine zweimalige Milchsäure-Träufelbehandlung (siehe S. 147) oder ein- bis zweimaliges Oxalsäure-Verdampfen (siehe S. 142).

Methode C (4C) – Aus einem oder mehreren notbehandelten Völkern wird ein Kunstschwarm gemacht: Abfegen in eine Beute mit Lüftungsboden, bereits beim Abfegen kann die Behandlung erfolgen (5C). Entweder man entscheidet sich für eine Königin oder überlässt den Bienen die Wahl. Die Königin, falls möglich, zu ihrem Schutz in einen Käfig mit geschlossener Ausfressöffnung setzen (nach frühestens 2 – 3 Tagen die Ausfressöffnung mit Futterteig freigeben). Schritte (4C) und (5C) kann man gut in einem Arbeitsgang erledigen:
(5C) Oxalsäure-Sprühbehandlung der Bienen vor dem Abfegen der Waben. Alle (verdeckelten) Brutwaben werden eingeschmolzen (6C) Das Volk erhält Mittelwände oder ausgeschleuderte, ausgeleckte Honigwaben. Danach unbedingt flüssig füttern, damit die Bienen nicht verhungern und die Mittelwände ausbauen (ohne Abb.).

#13 NOTBEHANDLUNG IM FRÜHJAHR, SOMMER, HERBST UND WINTER

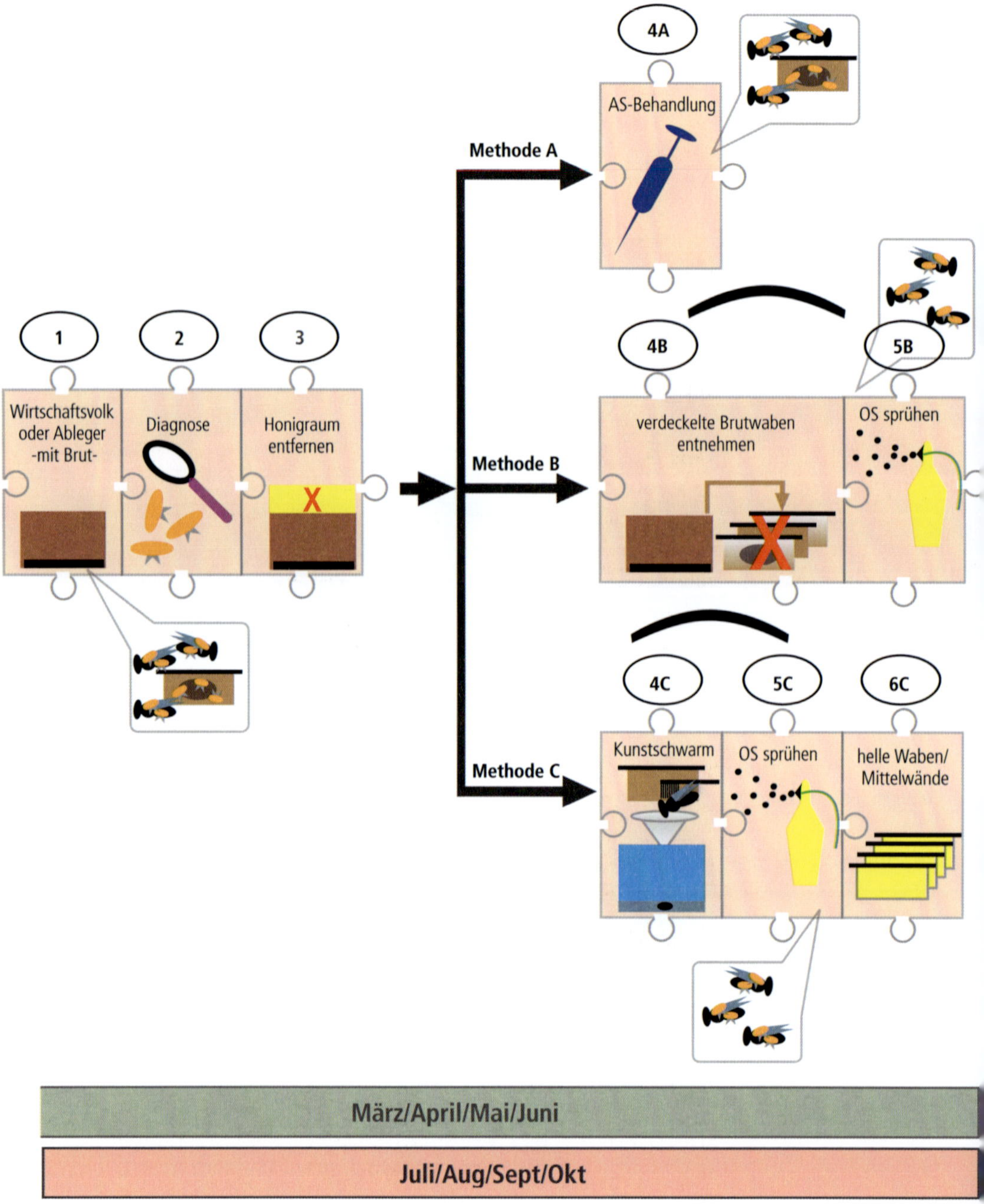

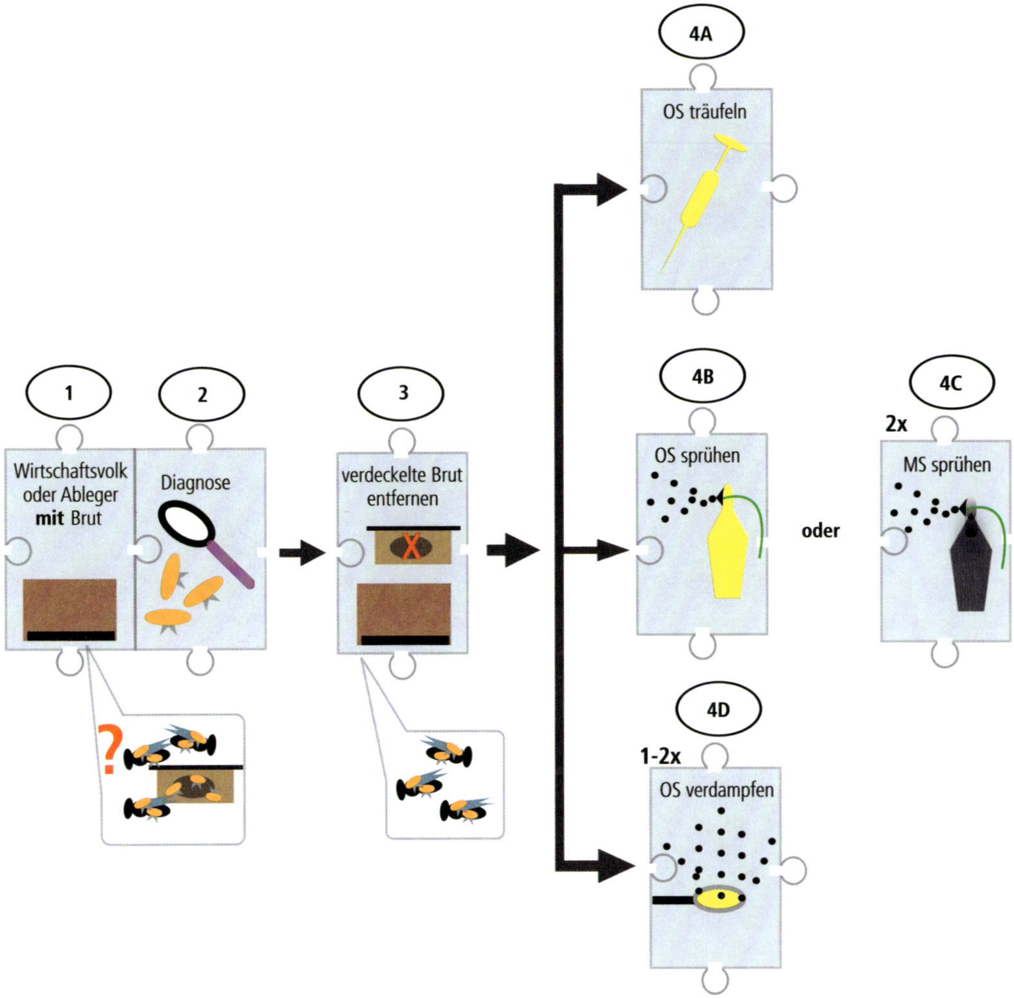
1
Wirtschaftsvolk oder Ableger **mit** Brut
2
Diagnose
3
verdeckelte Brut entfernen
4A
OS träufeln
4B
OS sprühen
oder
4C
2x
MS sprühen
4D
1-2x
OS verdampfen

Nov/Dez

Weitere Schritte

Alle Völker des Bienenstandes aufmerksam beobachten und engmaschig (alle 1 – 2 Wochen) (Gemüll-)Diagnosen und Kontrollen durchführen.
Fluglöcher möglichst einengen (bei Methode A erst nach Abschluss der Behandlung), um Räuberei – besonders bei Fütterung – zu vermeiden.

Bei den regelmäßigen Kontrollen unbedingt Hinweise für die weitere Vorgehensweise sammeln. Bei Bedarf Bienengesundheits-Spezialisten aus dem Imkerverein, Bienenzuchtberatung eines Bieneninstituts oder ggf. die Veterinärbehörde hinzuziehen. Manche Details können auch über Telefon, Fotos/Filme (!) per Email oder per Skype/ Zoom usw. geklärt werden:

— Verbleiben genug Bienen zum Aufbau eines überlebensfähigen (überwinterungsfähigen) Bienenvolkes? Welche Völker des Bienenstandes sollten ebenfalls miteinander vereinigt werden?
— Wie entwickelt sich die Varroa-Belastung der übrigen Völker des Standes – müssen hier ebenfalls Notbehandlungen durchgeführt werden?
— Wie kam es zum Anstieg der Milbenmenge? Mögliche Ursachen klären:

› Wurden Behandlungsschritte ausgelassen?
› Hatten vorangegangene Behandlungen bereits hohe Milbenfallraten gezeigt?
› Ist die vorangegangene Behandlung optimal verlaufen (Checkliste für die Anwendung des Wirkstoffes, Witterung, Dosierung)?
› War das Volk vorher sehr stark (große Bienenmasse und Brutfläche, hoher Honigertrag)? Hat sich dieses Volk die Milben durch Räuberei oder über Verflug „geholt“?

Notbehandlung im Winter November/Dezember

(1) Ein auffälliges Wirtschaftsvolk oder ein Ableger kann prinzipiell auch noch im Winter brüten. Dann können sich in der verdeckelten Brut auch noch Milben befinden, die mit dem Schlupf der Bienen freikommen. Dies ist zu prüfen:
(2) Neben einer Gemülldiagnose (siehe S. 121, Winterbehandlung; ab > 0,5 Milben pro Tag ist eine Behandlung erforderlich) wird das Volk auf Brutaktivität überprüft:
(3) Vorhandene verdeckelte Brut wird ausgeschnitten oder bei großen Brutflächen die komplette Wabe entnommen (einschmelzen).

☞ #13 NOTBEHANDLUNG

ERSATZMEDIKAMENT FÜR DIE NOTBEHANDLUNG NACH BEREITS ERFOLGTER WINTERBEHANDLUNG

BEREITS ERFOLGTE WINTERBEHANDLUNG MIT:	NOTBEHANDLUNG DURCHFÜHREN MIT (*):
Oxalsäure Träufelbehandlung	– Milchsäure 2× Sprühbehandlung – Oxalsäure-Verdampfen
Milchsäure Sprühbehandlung	– Oxalsäure Träufelbehandlung – Oxalsäure Sprühbehandlung – Oxalsäure-Verdampfen
Oxalsäure-Verdampfen 1x durchgeführt	Oxalsäure-Verdampfen ein weiteres Mal durchführen (Wiederholung unproblematisch)

(*) vor der Notbehandlung vorhandene, verdeckelte Brut unbedingt entfernen!

(4) Durchführung der Notbehandlung wie eine „normale" Winterbehandlung (siehe S. 121).
(4A) Oxalsäure-Träufelbehandlung (siehe S. 142)
(4B) Oxalsäure-Sprühbehandlung (siehe S. 142)
(4C) Zweimalige Milchsäure-Sprühbehandlung (siehe S. 147)
(4D) Ein- bis zweimalige Oxalsäure-Verdampfung (siehe S. 142)

Falls bereits eine (vermutlich nicht wirksame) Winterbehandlung durchgeführt wurde, wird die Notbehandlung jetzt mit einem anderen Wirkstoff durchgeführt.

Schwierige Zeitpunkte für Notbehandlungen

Jede Notsituation ist anders und lässt sich nicht vorab genau planen. Hier ein paar Hinweise:
Notbehandlung Ende September/Oktober: (Spät-)Sommerbehandlungen wurden bereits durchgeführt, es herrschen niedrige Außentemperaturen oder Dauerregen:
Methode A– kommt wegen schlechter Bedingungen nicht in Frage
Methode B – unbedingt die verdeckelten Brutwaben entnehmen -„notfalls" kleine verdeckelte Brutflächen mit dem Messer aus der Wabe scheiden.
Methode C – kommt nur in Frage, wenn genügend Bienenmasse vorhanden ist (Völker vereinigen)

Notbehandlung Ende Oktober/Anfang November
Situation: Bisher wurde noch keine Winterbehandlung durchgeführt.
Entnehmen der verdeckelten Brutwaben bzw. die Brutflächen ausschneiden, dann die Winterbehandlung als Notbehandlung durchführen. Es handelt sich hier um eine „vorgezogene" Winterbehandlung. Das ist unproblematisch, da es in dieser Jahreszeit meist kaum oder keinen Bienenflug oder Räuberei gibt.

TYPISCHE FEHLER

— Keine Notbehandlung durchgeführt: dies erleichtert die Verbreitung der Varroamilben auf dem Bienenstand und in der Umgebung.
— Notbehandlung mit einem langsam wirkenden Varroazid wie Thymol durchgeführt: Die Schäden an den Bienen haben sich zwischenzeitlich vervielfacht!
— Falsch verstandenes Mitleid mit der (verdeckelten) Bienenbrut – Milben und Viren haben die Brut längst geschädigt – man sollte deshalb besser die Brut einschmelzen!

Es ist nie falsch, sich kompetente Hilfe zu holen!

„WEICHE“ CHEMIE

— *Behandlung mit Säuren und Ölen*

ORGANISCHE SÄUREN UND ÄTHERISCHE ÖLE

„Organischen Säuren“ gibt es in der Natur auch in Lebensmitteln, so z. B. Wein-, Milch-, Zitronen-, Ameisen- oder Oxalsäure. Für die Anwendung im Bienenvolk werden Ameisen-, Oxal- und Milchsäure sowie Präparate mit Thymol und anderen ätherischen Ölen von der chemischen Industrie in reiner Form hergestellt. Das Selbstherstellen aus Pflanzenmaterial wie z. B. Rhabarber, mit einem geringen und schwankenden Gehalt an Oxalsäure, ist dagegen unzuverlässig und unpraktisch!
Die „weiche“ Chemie verschwindet mit der Zeit wieder aus dem Bienenvolk, die organischen Säuren verbinden sich z. B. mit der Feuchtigkeit in der Stockluft – sie können auch in den Honig, nicht aber in das Wachs eindringen. Ätherische Öle wie Thymol können dagegen leicht ins Wachs eindringen und dort verbleiben, deshalb ist eine intensive Bauerneuerung notwenig.

NEBENWIRKUNGEN

Nebenwirkungen gibt es auch bei der Anwendung von „weicher“ Chemie im Bienenvolk. Meist sind es Schädigungen der offenen Brut, die ausgefressen werden, abgestorbene verdeckelte Brut ist für den Imker eher erkennbar, ebenso abgestorbene erwachsene Bienen (meist gerade geschlüpfte Bienen). Zum Glück können die Bienen derartige Verluste durch eine gesteigerte Brutaktivität schnell wieder ausgleichen.
Beim (seltenen) Verlust der Königin sollte der Imker eine neue Königin einweiseln. Hier werden verschiedene Wege angeboten, um auf einen häufigen oder gar langzeitigen Medikamenteneinsatz zu verzichten. Der komplette Verzicht auch auf eine „weiche Chemie“ ist nur dort möglich, wo im Umkreis von vielen hundert Metern keine weiteren Bienenvölkern stehen, um Milbeneinträge durch Räuberei und Verflug zu vermeiden. Varroazide werden dann durch Fang- oder Bannwaben ersetzt – dies erfordert hohe Aufmerksamkeit und Kenntnisse des Imkers.

RÜCKSTÄNDE VERMEIDEN

Der gute Ruf des Honigs als unbelastetes Naturprodukt ist sehr wichtig – deshalb sollte man, bis zum Vorliegen „entlastender“ wissenschaftlicher Daten, in Wirtschaftsvölkern „weiche“ Chemie erst nach der letzten Honigernte anwenden. Von Angaben im Beipackzettel wie „Null Tage Wartezeit“ darf man sich nicht fehlleiten lassen. **Es dauert viele Tage bis Wochen, bis die „weiche“ Chemie in der Bienenbeute nicht mehr nachweisbar ist.** Außerdem lässt sich der Beginn des Nektar- bzw. Honigeintrages nicht genau bestimmen und Honig wird innerhalb der Beute von Brut- in Honigwaben umgetragen.
Dies ist der Hintergrund, warum Sie keine Beschreibung für eine „Zwischenbehandlung“ in diesem Buch finden. In einigen Ländern wird eine (künstliche) Brutpause für eine Sprühbehandlung z. B. mit Oxalsäure zur Milbenreduzierung genutzt und wenige Tage später der Honigraum für eine (Spät-)Sommertracht aufgesetzt.
Bei Ablegern ist dies anders, wenn sie erst im nächsten Jahr zur Honigernte herangezogen werden: Hier ist eine Anwendung „weicher“ Chemie jederzeit möglich.

SICHERHEIT FÜR DEN IMKER

„Weiche" Chemie hat auch Wirkung auf den menschlichen Körper: Verätzungen auf der Haut oder gar im Augen- oder Mund-Nasen-Bereich sind nicht ungefährlich. Tragen Sie daher immer geeignete Schutzkleidung, stellen Sie einen Eimer sauberes Wasser zum Nachspülen bereit, für die Augen ist im Notfall eine Augenspülflasche sehr hilfreich.

Schutzkleidung

Wasserdichte Haushaltshandschuhe: sind „säurefest" und reichen aus (die normalen Reinigungsmittel im Haushalt sind chemisch ebenfalls sehr aggressiv!)
Schutzbrille: eine einfache Schutzbrille (z. B. aus dem Baumarkt) verhindert Säurespritzer oder Sprühnebel in den Augen – hier sollte man nicht leichtsinnig sein.
Atemschutzmaske: Bei Behandlungsmethoden wie Sprühen oder Verdampfen sind diese ein Muss! Die Hersteller der Präparate empfehlen im Beipackzettel die Schutzklasse; eine FFP2-Maske reicht hierbei meist aus, die Masken dürfen (anders als bei der Corona-Vorsorge) auch Auslassventile besitzen. Ein höherer Schutzstandard (FFP3) oder gar Masken mit Kohlefiltern bietet bei der Verdampfung von Oxalsäure einen höheren Schutz für den Anwender.

Allgemeine Schutzmaßnahmen

— langärmlige Kleidung
— lange Hosen
— festes Schuhwerk
— kein Essen und Trinken beim Umgang mit Chemie
— (Klein-)Kinder und Haustiere fernhalten
— Arzneimittel, auch „weiche" Chemie, immer kindersicher und in Originalverpackung lagern, nicht in „Trinkbehälter" umfüllen und lagern

Verhalten im Notfall

— mit Wasser nachspülen
— Kleidung ausziehen/wechseln
— Arzt aufsuchen (Säurespritzer in den Augen, starkes Unwohlsein, anhaltender Husten oder Atemnot) – notfalls die Rettung rufen.
— Beim Abspülen und Nachspülen von Säurespritzern sparen Sie keinesfalls mit Wasser und ggf. Kleidung mit Säure sofort ausziehen!
— **RETTUNG 112** – bei lebensbedrohlicher Situation!

ALLES RICHTIG MACHEN

Beachten Sie die Checklisten für die Behandlung mit „weicher Chemie" und selbstverständlich (kritisch) die Beipackzettel der Hersteller:

— Ameisensäure siehe S. 140
— Oxalsäure siehe S. 146
— Milchsäure siehe S. 146
— Thymol siehe S. 151

RECHTLICHES

Seit 2022 gilt innerhalb der EU eine gemeinsame Arzneimittel-Gesetzgebung mit Folgen für die bisherigen Zulassungen von „weicher" und „harter" Chemie in Bienenvölkern. Teilweise müssen neue/andere Zulassungen erwirkt werden – daher gibt es Aufbrauchfristen für „auslaufende Medikamente". Es kann auch zu Umbenennungen sowie zu Veränderungen von verfügbaren Präparaten kommen: Über die sogenannte Standardzulassung genehmigte Präparate haben im Produktnamen die Abkürzungen „ad us. vet.", dies bedeutet „zum tierarzneilichen Gebrauch". Die meisten Produkte erhalten mit einem neuen Zulassungsverfahren andere Produktnamen, da die Standardzulassungen auslaufen. Die Zusammensetzung der Produkte mit neuem Namen ist meist dieselbe. Ein Beispiel: Aus „Milchsäure 15 % ad us. vet." wird „Milchsäure Bernburg 150 mg/g". Für die „alten" Produkte gibt es eine gesetzliche Übergangsfrist bis 04/2027 … bis dahin dürfen Restbestände im Handel vertrieben werden.
Der Tierhalter steht in der Verantwortung, dass nur zugelassene Präparate verwendet werden. Erkundigen Sie sich deshalb vor Behandlungsbeginn, was zugelassen ist. Hilfreich können hierbei die folgenden Internetseiten sein:
Deutschland: www.deutscherimkerbund.de
Österreich: www.bienengesundheit.at
Schweiz: www.bienen.ch

In Zweifelsfällen können Bieneninstitute und Veterinärbehörden Auskunft geben.

BESTANDSBUCH

Durch die Änderung der Gesetzgebung ist die Dokumentation aller Medikamente, egal ob „weiche" oder „harte" Chemie, im Bestandsbuch erforderlich. Dieses ist 5 Jahre lang aufzuheben, ebenso die Quittungen/Rechnungen für die zugelassenen Präparate. Das Bestandsbuch ist eine Tabelle, wie hier abgebildet. Vorlagen finden Sie im Internet. Sie können das Bestandsbuch auch digital führen – zur Sicherheit unbedingt einen Ausdruck der Daten oder eine Sicherheitskopie machen. Sie stellen für andere Menschen ein Lebensmittel (Honig) her. Die Verwendung von Medikamenten im Bienenvolk muss daher dokumentiert, also nachvollziehbar, sein und dient so dem Verbraucherschutz.

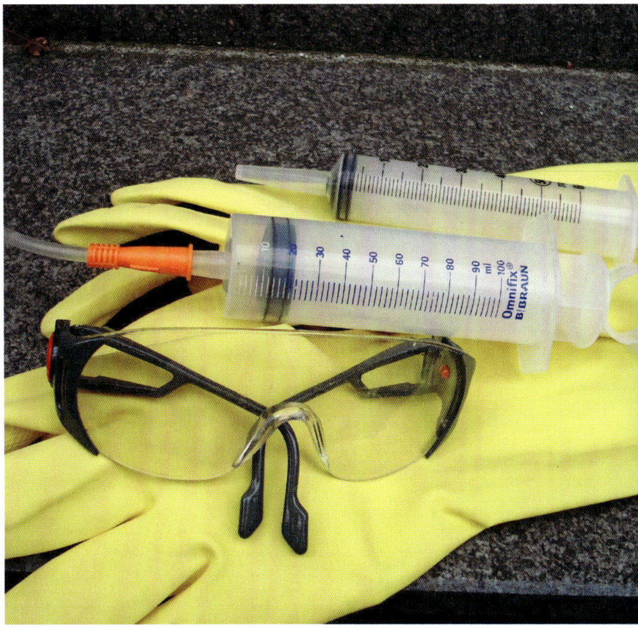

Wichtiger Schutz beim Umgang mit Säuren: Handschuhe und Schutzbrille, Spritzen für die Dosierung.

☞ BESTANDSBUCH

Jahr 20____ Blatt Nr. ____

Bienenhalter: Vorname: ________________ Nachname: ________________________

Wohnadresse: Straße: ________________ PLZ: __________ Stadt: ________________

DATUM	ARZNEIMITTEL BEZEICHNUNG	MENGE/ BIENENVOLK	ART DER ANWENDUNG	NAME/ ANSCHRIFT LIEFERANT	BELEG-NUMMER	STANDORT DER BIENENVÖLKER	NUMMERN DER BIENENVÖLKER	WARTEZEIT LAUT BEIPACKZETTEL	BEHANDLUNGSDAUER IN TAGEN
20.07.2023	Formivar® 60% ad us. vet. CH.-B 007	180 ml	Liebig Dispenser	Imkereibedarf XY	siehe Quittung 10.07.2022	Musterweg 1 12345 Musterdorf	WV 1-5	31.12.2022	10
25.07.2023	Milchsäure Bernburg 150 mg/g CH.-B 3456782	40 ml	Sprühbehandlung	Sammelbestellung IV Bremen 10/2021	siehe Quittung 10/2021	"	Ableger 2 und 4	Honigernte erst im Folgejahr 2023	1
29.07.2023	"	" "		"	"	"	"	"	"

AMEISENSÄURE

Chemisch
organische Säure

Zustand
flüssig oder in Gel gebunden (Ameisensäure-Streifen)

Veränderung des Zustandes
temperaturabhängiger Prozess (Stockwärme): „verdunstet“ bei Temperaturen oberhalb von 10 Grad Celsius (optimal 20 – 25 Grad Celsius)

Wirkung
ätzende Dämpfe erreichen die Varroamilben auf Bienen und in verdeckelten Brutzellen

Konzentration für die Behandlung im Bienenvolk
DE 60 %
AT 60 % und 85 %,
CH 60 %, 70 % und 85 %

Produktbeispiele
(Auswahl für Deutschland DE, Österreich AT und Schweiz CH)
Ameisensäure 60 Bernburg 684 mg/ml, Formivar® 60 % ad us vet., Formivar® 70 % ad us vet., Formivar® 85 % ad us vet., Formicpro 68,2 g imprägnierte Streifen (Nachfolgeprodukt für MAQS®)

Verdunstungsmaterial
je nach Verdunster-Typ: Pappdocht, Papier, Vlies oder Schwammtuch

Positionierung der Ameisensäure in der Beute
- möglichst nah am Brutnest: konstante und hohe Brutnesttemperaturen
- von oben: Verdunster, Schwammtuch und AS Streifen → optimale Wirkung
- von der Seite → (meist) ausreichende Wirkung („Verdunstungsrähmchen“)
- von unten: Schwammtuch → unzureichende bis ausreichende Wirkung bei 60 %iger AS

Art des Bienenvolkes
Wirtschaftsvolk und Ableger (Jungvolk)

In welchem Zustand/Stadium des Bienenvolkes kann man behandeln?
Ein Bienenvolk verkraftet nicht in jedem Zustand den Einsatz von Medikamenten oder zieht z. B. als eingeschlagener Schwarm bei einer Ameisenanwendung aus, da keine Brut die Bienen in einer „stinkenden“ Beute hält. Das Gleiche gilt für weisellose Völker. Die Ameisensäure wirkt als einziges Medikament auch auf Milben in verdeckelten Brutzellen, da sie den Wachsdeckel durchdringen kann.

Schwarm: nein
brutlos: nein
weisellos: nein
offene Brut: ja
verdeckelte Brut: ja

Zeitpunkt der Behandlung
- Wirtschaftsvolk: nach der letzten Honigernte (Spät-)Sommer bis Herbst
- Ableger: jederzeit (Honigernte im Folgejahr) Frühjahr bis Herbst

Witterungsabhängigkeit der Anwendung
- Temperatur optimal bei 20 – 25 Grad Celsius
- Luftfeuchtigkeit: kein (Dauer-)Regen (www.varroawetter.de)

Anwenderschutz
Schutzbrille, (Haushalts-)Handschuhe, bedeckende Kleidung und festes Schuhwerk, Eimer Wasser für Notfall und Augenspülflasche.
Tipp: Besser Sie „übertreiben“ beim Schutz, denn Säure ist ätzend!

Notfall

bei Körperkontakt mit viel Wasser nachspülen, Augen: Spülflasche, Kleidung sofort wechseln
(Not-)Arzt bei starken Verätzungen sowie bei Verätzungen im Gesicht
Notfall Telefonnummer 112

Nebenwirkungen bei den Bienen(*)

— häufig: Absterben offener Brut und Absterben gerade schlüpfender Bienen
— häufig: Absterben von verdeckelter Brut in der direkten Nähe des Verdunsters/der AS-Streifen
— selten: Absterben der Königin
— sehr selten: Verbrausen des Volkes (Überdosierung, zu hohe Temperaturen, zu kleines Flugloch)

(*) hier handelt es sich um Erfahrungswerte aus der Imkerpraxis

Umgang mit Ameisensäure in der Imkerpraxis

Schutzkleidung: Tragen Sie immer ausreichend Schutzkleidung (mindestens (Haushalts-) Handschuhe und Schutzbrille).
Umfüllen: Mit Hilfe eines Trichters, einer Spritzflasche mit „langem Hals", einer speziellen Dosierflasche oder mit einer großen Spritze (praktisch: mit einem Schlauch „verlängert").
Lagerung: Immer nur in fest verschlossenen Originalflaschen (keine Trinkbehälter!), kühl (Zimmertemperatur) und dunkel lagern.
Anwendungstemperatur: Meist Zimmertemperatur (siehe Beipackzettel der Verdunster), selten gekühlt (z. B. Schwammtuch bei hohen Außentemperaturen) und nie gefroren!

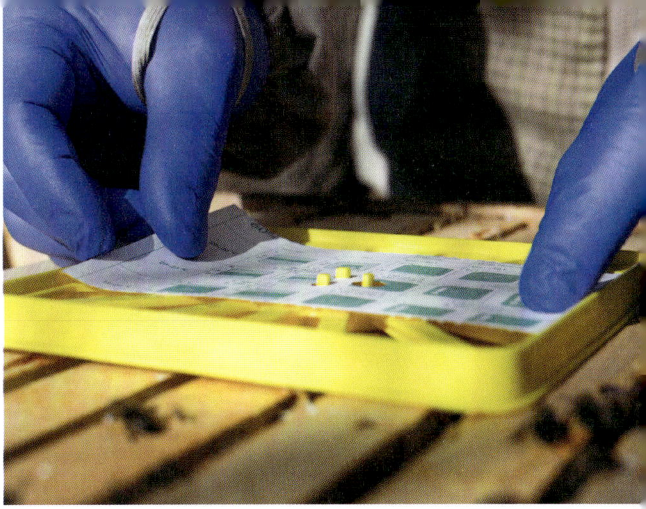

Fixieren des Verdunstungspapiers auf dem Träger.

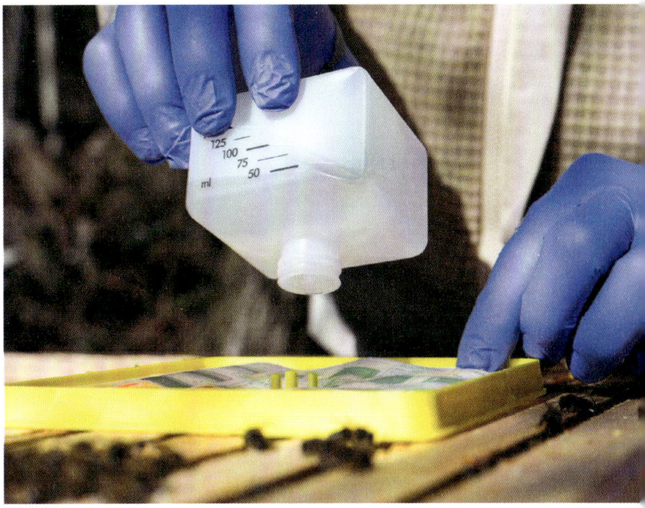

Gefüllter Dispenser wird auf die 3 Dorne „gesteckt".

Fehlt noch die Leerzarge mit Deckel.

AMEISENSÄURE-ANWENDUNG

	LIEBIG-DISPENSER	NASSENHEIDER VERDUNSTER PROFESSIONELL	FAM DISPENSER	AMEISEN-SÄURE-STREIFEN	SCHWAMM-TUCH
Verdunster Typ Langzeit-/Kurzzeit-verdunster	Langzeit-verdunster	Langzeitverdunster	Langzeitverdunster	Langzeitverdunster	Kurzzeitverdunster für Stoßbehandlung
Prinzip	Unterdruck und Papierdocht	Unterdruck und Pappdocht, Verdunstungsvlies	Schwammtuch, Verdunstung über Drehscheibe	in Gel gebundene Ameisensäure	Schwammtuch
Ameisensäure-Konzentration	DE: 60 % AT: 60 %, 85 % CH: 60 %, 85 %	DE: 60 % AT: 60 %, 85 % CH: 60 %, 85 %	DE: 60 % AT: 60 %, 85 % CH: 60 %, 70 %	ca. 60 %	DE: 60 % AT: 60 % CH: 60 %
maximale Füll-menge	200 ml	290 ml	130 ml	68,2 g pro Streifen	ca. 40–50 ml (je DNM-Wabe 2 ml)
Anwendungsdauer Tage/Stunden	1.Behandlung (Juli) 3–5 Tage 2. Behandlung (Sept.) 6–14 Tage	10 Tage	1.Behandlung (Juli) 7 Tage 2. Behandlung (Sept.) 14 Tage	7 Tage, dann 30 Tage Abstand zur 2. Behandlung	24–48 h, Wiederholung nach 4–7 Tagen
Anwendung und Verdunstungsraum	von oben, 1/2 Zarge als Verdunstungs-raum	von oben, 1/2 Zarge als Verdunstungsraum	von oben, 1/2 Zarge (oder flacher) als Verdunstungs-raum	von oben, bei 2-zargigen Völkern zwischen den Zargen	von oben, von unten kein zusätzlicher Verdunstungsraum
Regulierung der Verdunstungs-menge	Verkleinern des Papierdochtes (vorperforiert)	Pappdocht auswechseln (3 Größen)	Drehscheibe (Deckel) verdrehen: Verdunstungsbohrungen verändern	nicht regulierbar: Verwendung von 1/1 oder 1/2 Streifen	nicht möglich
optimaler Temperaturbereich	20–25 (30) Grad	20–25 (30) Grad	20–25 (30) Grad	15–25 (30) Grad	20–25 (30) Grad
tägliche Verdunstungsmenge	20–50 ml/Tag (regulierbar)	18–25 ml/Tag (regulierbar)	nicht messbar	nicht messbar	komplette Menge innerhalb von 24 h
Besonderheit/ Vorteil	einfache Konstruktion, wenig Teile	Verdunstungs-wanne aus Kunststoff	einfache Konstruktion, sehr wenig Teile	– hohe Wirksamkeit bei niedrigen Temperaturen – kein zusätzlicher Verdunstungsraum notwendig	– sehr schnelle Wirkung – sehr flach und kein zusätzlicher Verdunstungsraum notwendig
Besonderheit/ Nachteil	hohe Bauhöhe, daher 1/2 Zarge nötig (Verdunstungsraum)	hohe Bauhöhe, daher 1/2 Zarge nötig (Verdunstungsraum)	kleiner „Zwischenrahmen“ für die Bauhöhe (Verdunstungsraum)	keine (einfache) Behandlung mehrzargiger Beuten	– Wiederholungen – „Befüllen“ aufwändig
Informationen	www.andermatt-biovet.de	www.nassenheider.com	www.andermatt-biovet.de	www.andermatt-biovet.de	www.bienen-gesundheit.com

Anwendung der Ameisensäure im Bienenvolk

Die Verdunster werden für die Anwendung zusammengebaut, mit Ameisensäure befüllt und in das vorbereitete Bienenvolk gestellt. In Imkerkursen können diese Schritte erlernt werden. Bei der erstmaligen Anwendung sollte eine sachkundige Person anwesend sein! Bitte bei allen Verfahren auch immer die Herstellerangaben im Beipackzettel beachten.

1. Öffnen der Verpackung mit AS-Streifen

2. Auflegen der AS-Streifen nach Rauchgabe

3. Beutendeckel auflegen (Gemüllwindel!)

(A1) Befüllen des FAM Dispensers mit AS

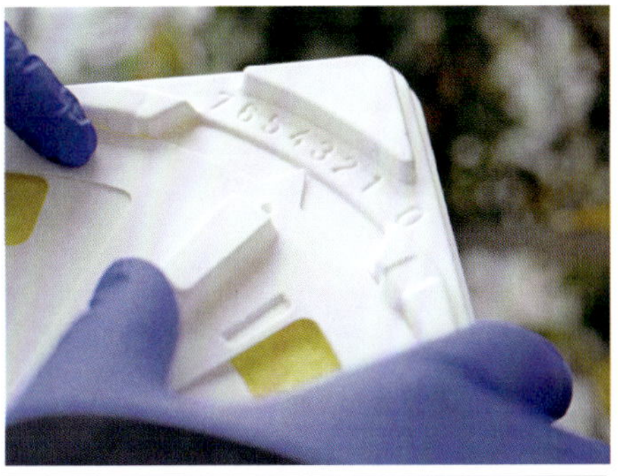

(A2) Einstellen der Verdunstungsfenster

(A3) Auflegen des Verdunsters

(B1) Nassenheider Verdunster in Leerzarge

CHECKLISTE: AMEISENSÄURE-BEHANDLUNG

- Behandlung planen: Wirtschaftsvölker nach der letzten Honigernte und bei (überwiegend) trockener Witterung für den Behandlungszeitraum (mindestens für 2–3 Tage), Temperaturen im optimalem Bereich (20–25 Grad Celsius), bei AS-Streifen ab 15 Grad Celsius
- Milbensituation vorher überprüfen (Gemüll-)Diagnose
- gesetzliche Zulassungssituation der Anwendungsart überprüfen (siehe S. 134)
- Verdunster vor Benutzung überprüfen (keine Schäden, ausreichend Dochte vorhanden)
- Ameisensäure-Bedarf/ -Vorräte überprüfen, benötigte (Gesamt-)Menge berechnen
- Bienenvolk vorbereiten: kein überflüssiger Beutenraum (verdünnt die Säuredämpfe), für Verdunster eine Halbzarge oder Ähnliches aufsetzen
- Gemüllwindel säubern und einschieben („Ölwindel“, siehe S. 20)
- Flugloch komplett öffnen
- keine größeren Kontrollen/Störungen an den Völkern vornehmen
- Rauchstöße auf die Waben geben und Wachsstege auf den Rähmchenoberträgern entfernen, bevor Verdunster oder Ameisensäure-Streifen aufgelegt werden
- Folienabdeckung verhindert den Kontakt zwischen AS-Streifen und Dämmplatte
- Deckel auflegen
- Überdosierung erkennen: Bienenvolk mindestens eine halbe Stunde von außen beobachten → stürzen Bienen massenhaft nach draußen, die Ameisensäure entnehmen und die Gemüllwindel entfernen (Förderung der Belüftung). Wiederholung der Behandlung nach wenigen Tagen unter besseren (kühleren?) Bedingungen!
- Dokumentation der Behandlung im Bestandsbuch (Details siehe S. 135)
- Verdunstung anpassen: Verdunster nach 24 Stunden oder bei starken Temperaturveränderungen kontrollieren: Muss der Docht angepasst (verkleinert/vergrößert) werden?
- Milbenfall über 3 Wochen kontrollieren und dokumentieren – nach 3 Wochen setzt der natürliche Milbenfall ein (ohne Einwirkung durch die Ameisensäure-Behandlung)
- Häufige Fehler: falsche Dosierung, überzähliger Beutenraum, fehlende Gemüllwindel („offener“ Varroaboden), Flugloch eingeengt.
- Anwenderschutz: Säure ist ätzend und für Menschen gefährlich: siehe oben
- Herstellerangaben (kritisch) beachten!

SPEZIELLE BEUTEN

In Magazinbeuten kann man alle hier beschriebenen Verfahren zur Anwendung von Ameisensäure problemlos anwenden.

Andere Beutentypen sind teilweise schwieriger mit Verdunstern zu behandeln, wenn es keinen aufsetzbaren Raum gibt. Häufig kann man andere Verdunster fest montiert in einem Rähmchen seitlich in die Beute setzen, wie z. B. den Nassenheider Verdunster Classic mit einem aufrechten Pappdocht oder mit einem U-Docht und Verdunstungsvlies. Bei hochformatigen Rähmchen wie Kuntzsch hoch oder Dadant hoch bietet sich vorab das Befestigen eines waagerechten Holzes an, damit der Verdunster ungefähr in der Rähmchenmitte sitzt.

In einigen Fällen bleibt der Einsatz eines Schwammtuches (fast) alternativlos, da die Beute keinen Einsatz eines Verdunsters ermöglicht – die Ameisensäure-Streifen sind in einigen Fällen (kleines Beutenvolumen) nur eine begrenzt empfehlenswerte Alternative: Man könnte ausprobieren, wieviel Stück Streifen für die Bienen verträglich sind und ob eine Behandlung auch „von unten“ funktioniert. Das Träufeln eines Ameisensäure-Mischpräparates wie VarroMed®

empfiehlt sich entgegen der Herstellerangaben nur in brutlosen Völkern, Völkern ausschließlich mit offener Brut (Stifte und jüngste Rundmaden) und (Kunst-)Schwärmen, da dieses Mittel nicht in die verdeckelten Brutzellen hineinwirkt. Ich selbst lehne Anwendungen vor der letzten Honigernte in Wirtschaftsvölkern ab.

Hinterbehandlungsbeute

Behandlung wie in der Magazinbeute von oben im Honigraum mit allen Verdunstertypen oder mit Ameisensäure-Streifen. Im Blätterstock (Waben stehen im Kaltbau) kann ein Verdunster mit Verdunstungsvlies in den Baurahmen eingebaut werden.

Lagerbeuten

Diese Beuten sind wie eine einzige überdimensionierte Zarge aufgebaut, in der in einer Reihe Brut- und Honigwaben hintereinander (bei der Golzbeute nebeneinander) stehen. Meist werden hochformatige Waben verwendet (Bienenbox und Golzbeute: Kuntzsch hoch; Einraumbeute: Dadant hoch). Je nach Hersteller werden Lagerbeuten aber auch z. B. in Deutsch Normal oder 1,5 Deutsch Normalmaß hergestellt. Einen Verdunster kann man nur von oben einsetzen, wenn man einen Rahmen baut (sozusagen eine „Halbzarge"), der oben auf die Beute gesetzt wird. Nicht benötigten Beutenraum unbedingt abschotten, damit die Säure nicht durch zusätzlichen Raum verdünnt wird und so an Wirkung verliert.

Oberträgerbeute (Topbar hive)

Die Oberträger liegen dicht an dicht und lassen konstruktionsbedingt keine Ameisensäure-Behandlung von oben zu. Einige Imker haben sich spezielle „Behandlungsrähmchen" gebaut, in die sie den Nassenheider Verdunster horizontal mit senkrechtem Verdunstungsflies eingebaut haben. Dieses „Behandlungsrähmchen" wird direkt an die äußerste Brutwabe gestellt.

Selten wird das Schwammtuch von unten angewendet, entweder direkt über oder unter dem Varroagitter liegend. Bei niedrigen Außentemperaturen ist die Behandlung nicht sehr effektiv – der Verdunster arbeitet deutlich zuverlässiger. Für den Einsatz des AS-Streifens von unten liegen bisher keine Erfahrungsberichte vor – man sollte sich vorsichtig an die Dosierung herantasten!

Bienenkiste

Hierfür wird die Behandlung mit dem Nassenheider Verdunster professional im leeren (hinteren) Honigraum empfohlen. Dies funktioniert bei Temperaturen oberhalb von ca. 20 Grad Celsius gut – ist es kühler, sinkt die Verdunstungsrate. Man sollte dann unbedingt einen größeren Docht verwenden. Eventuell muss die Behandlung wiederholt werden. Alternativ wurde früher ein Schwammtuch von unten eingesetzt – vielleicht würde dies auch mit dem AS-Streifen funktionieren (vorsichtig dosieren!).

Klotzbeute und Figurenbeute

Viele dieser Beuten sind vor der Einschleppung der Varroamilbe gebaut oder entworfen worden. Das Nachrüsten eines Varroagitters und einer Gemülleinlage ist aufwändig, aber für eine sichere Diagnose und Behandlung erforderlich. Sofern ein Honigraum vorhanden ist, kann hier mit Verdunster oder Ameisensäure-Streifen gearbeitet werden. Ansonsten empfiehlt sich der Einsatz eines „Behandlungsrähmchens" mit Nassenheider Verdunster von der Seite oder von hinten.

Korb (z. B. Lüneburger Stülper)

Die Anwendung von Ameisensäure in Körben ist sehr schwierig, schnell kann es zu einer Überdosierung kommen. Man sollte möglichst von der Anwendung von Ameisensäure in Bienenkörben aufgrund dieser Schwierigkeiten absehen und andere Bekämpfungsmethoden anwenden!

OXALSÄURE

Chemisch
organische Säure

Zustand
— flüssig zum Sprühen oder Träufeln
— fest (Pulver/Tabletten) zum Verdampfen

Veränderung des Zustandes
— flüssige Oxalsäure bleibt bei der Anwendung flüssig
— feste Oxalsäure (Pulver) geht durch Hitze im Verdampfungsgerät in eine gasförmige Form über

Wirkung
nur auf Varroamilben, die auf Bienen sitzen – nicht auf Varroamilben in verdeckelten Brutzellen

Präparate für die Anwendung im Bienenvolk (Auswahl)

Sprühbehandlung
Oxuvar® 5,7 (Andermatt BioVet) oder Oxalsäure Bernburg 40 mg/ml (Serumwerk Bernburg) mit Wasser verdünnen, 2 – 4 ml pro Wabenseite bzw. 20 – 25 ml pro kg Bienenmasse in Bienentraube z. B. (Kunst-) Schwarm

Träufelbehandlung
Oxuvar® 5,7 (Andermatt BioVet) oder Oxalsäure Bernburg 40 mg/ml (Serumwerk Bernburg) wird mit Zucker verdünnt, je nach Volksstärke 30 – 50 ml bzw. 3 – 6 ml je Wabengasse

VarroMed® (Mischung aus OS mit etwas AS; BeeVital) je nach Volksstärke 14 – 45 ml

Oxybee®/Bienenwohl® (Dany`s Bienenwohl®) maximal 54 ml pro Volk: 5 – 6 ml pro besetzter Wabengasse

Verdampfung
Varroxal ad us. vet. (Oxalsäuredihydrat Pulver) für die Anwendung im zugelassenen Verdampfer: einzargiges Volk 1g (1 Messlöffel), zweizargiges Volk 2 g (2 Messlöffel)

Anwendungsgeräte
Sprühbehandlung: Sprühflasche
Träufelbehandlung: Spritze
Verdampfung: Verdampfungsgerät, z. B.

Sprühbehandlung mit OS-Säure – Windrichtung beachten.

Optimale Dosierung: Bienen glänzen silbrig!

VARROX EDDY oder VARROX®-Verdampfer (Zulassungsvorschriften und Herstellerhinweise zur Handhabung beachten!)

Anwendung in der Beute/an den Bienen

Sprühbehandlung: Besprühen der Bienen auf den Waben/im Schwarmfangkasten (*); falls offene Brut in den Waben ist, nicht direkt in die Brutzellen sprühen: Sprühflasche schräg halten!
Träufelbehandlung: Beträufeln der Bienentraube ((Kunst-)Schwarmtraube oder Winterbienentraube (*)
Verdampfung: Verdampfen in der geschlossenen Beute – durch das Flugloch
(*) Die Varroamilben müssen nicht direkt getroffen werden!

Art des Bienenvolkes

Wirtschaftsvolk und Ableger (Jungvolk): brutfrei oder keine verdeckelte Brut

In welchem Zustand/Stadium des Bienenvolkes kann man behandeln?

Oxalsäure wird von Bienenvölkern in verschiedenen Zuständen vertragen, sie führt z. B. nicht zum Ausziehen eines brut- oder weisellosen Volkes. Aber die Oxalsäure kann nicht die Wachsdeckel von verdeckelten Brutzellen durchdringen:

Schwarm (im Schwarmfangkasten oder Ähnlichem): ja
brutlos: ja
weisellos: ja
offene Brut: ja
verdeckelte Brut: nein

Zeitpunkt der Behandlung der brutlosen Völker

- Wirtschaftsvolk: nach der letzten Honigernte (Spät-)Sommer bis Winter
- Ableger: jederzeit (Honigernte im Folgejahr) Frühjahr bis Winter

Witterungsabhängigkeit der Anwendung

Weder von der Temperatur noch von der Luftfeuchtigkeit (Nebel/Regen) abhängig.

Anwenderschutz

Allgemeiner Anwenderschutz
Schutzbrille, (Haushalts-)Handschuhe, bedeckende Kleidung und festes Schuhwerk, Eimer Wasser für Notfall und Augenspülflasche
Träufelbehandlung: es reicht der allgemeine Anwenderschutz
Zusätzlicher Anwenderschutz
Sprühbehandlung: FFP2-Maske, Windrichtung beachten
Verdampfung: FFP3-Maske oder Maske mit Kohlefiltern (Hersteller empfehlen mindestens FFP2-Masken), Windrichtung beachten

Träufelbehandlung – die bekannteste OS-Anwendung.

Notfall

- bei Körperkontakt mit viel Wasser nachspülen, Augen: Spülflasche, Kleidung sofort wechseln
- (Not-)Arzt bei Unwohlsein, Übelkeit (Sprühbehandlung/Verdampfung)
- Notfall Telefonnummer 112

Nebenwirkungen bei den Bienen

Die Verdampfung ist die bienenverträglichste Form der Oxalsäure-Anwendung, gefolgt vom Sprühen. Das Träufeln hat mehr Nebenwirkungen auf Bienen.
Sprühbehandlung: sehr häufig: Absterben offener Brutstadien
Träufelbehandlung: häufig: Absterben (weniger) erwachsener Bienen
sehr häufig: Abnahme der Bienenmasse nach Mehrfach-Träufelung (nie durchführen!)!
Verdampfung: selten/häufig: Absterben von offener Brut (wenig erforscht)

Anwendung der Oxalsäure im Bienenvolk

In Imkerkursen können diese Schritte erlernt werden. Bei der erstmaligen Anwendung sollte eine sachkundige Person anwesend sein!

Umgang mit Oxalsäure in der Imkerpraxis

Schutzkleidung: Tragen Sie immer ausreichend Schutzkleidung (mindestens (Haushalts-) Handschuhe und Schutzbrille), beim Sprühen und Verdampfen eine Maske tragen.

Umfüllen flüssige Oxalsäure
Mit Hilfe eines Trichters, einer Spritzflasche mit „langem Hals“, einer speziellen Dosierflasche oder mit einer großen Spritze (praktisch: mit einem Schlauch „verlängert“).

- Zugabe von Wasser mit Hilfe eines Messbechers
- Zugabe von Zucker (Träufelbehandlung) nach Abwiegen – einige Präparate enthalten separat abgewogenen Zucker)

Umfüllen Oxalsäure-Pulver für die Verdampfung
Vorsichtig umfüllen (Maske tragen!). Zur Anwendung wird ein Dosierlöffel vom Hersteller des Verdampfungsgerätes mitgeliefert. Alternativ gibt es Oxalsäure-Pulver, das zu Tabletten gepresst wurde – diese lassen sich einfacher handhaben.
Lagerung: Immer nur in fest verschlossenen Originalflaschen (keine Trinkbehälter!), kühl (Zimmertemperatur) und dunkel lagern.
Anwendungstemperatur: Oxalsäure-Lösung sollte zum Träufeln/Sprühen Zimmertemperatur haben; nur wenige Produkte sollen vor Gebrauch angewärmt werden (z. B. VarroaMed®; siehe Beipackzettel).

OS-Verdampfung übers Flugloch, Varroaboden geschlossen (Gemüllwindel).

Verdampfer (Varrox Eddy) mit Wechselakku – kein Stromkabel nötig!

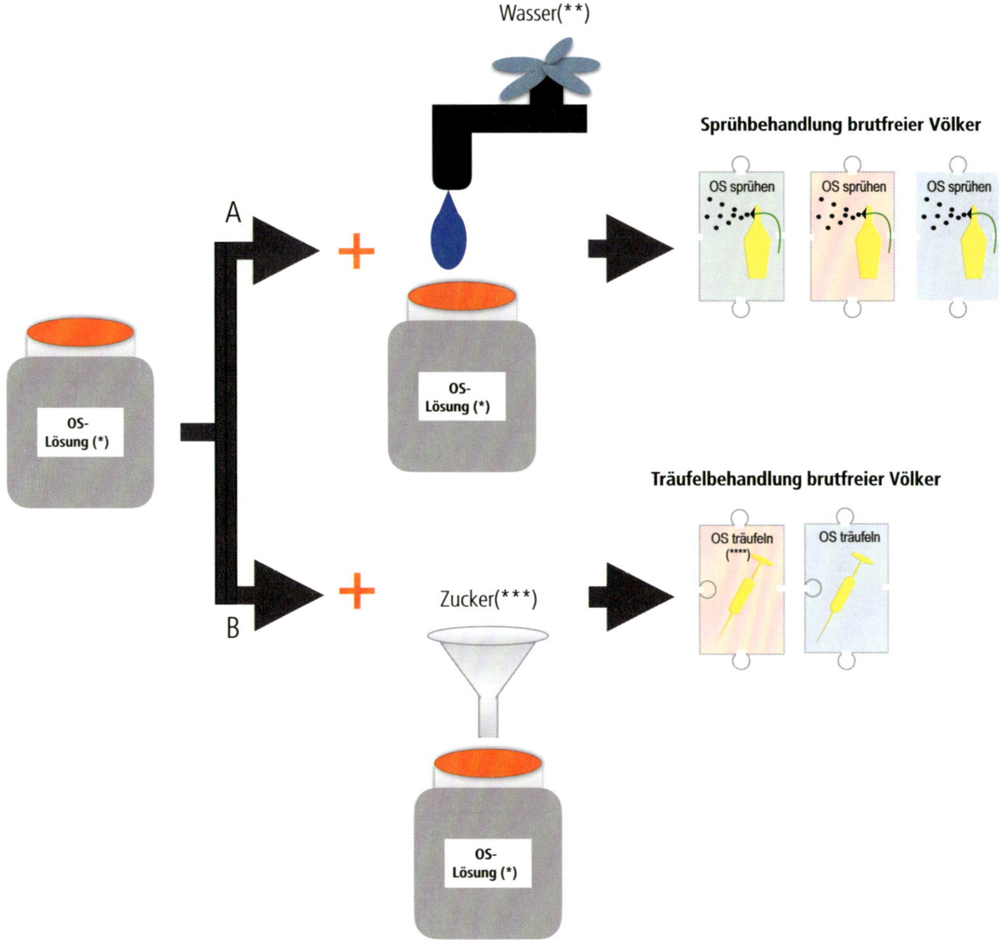

(*) Produkte z. B.: Oxuvar 5,7 % ad us. vet. (BioVet Andermatt) und Oxalsäure Bernburg 40 mg/ml (Serumwerk Bernburg)
(**) Leitungswasser, Menge siehe Beipackzettel
(***) Haushaltszucker, Menge siehe Beipackzettel
(****) Träufelbehandlungen von brutlosen Völkern im Frühjahr und Sommer werden wegen der starken Nebenwirkungen und der geringeren Wirksamkeit (lockerer Bienensitz) nicht empfohlen. Besser sind Sprühbehandlungen oder die Verdampfung von Oxalsäure.

Oxalsäure-Lösung für verschiedene Anwendungsarten: (A) Sprüh- und (B) Träufelbehandlung

CHECKLISTE: OXALSÄURE-SPRÜHBEHANDLUNG

- Behandlung planen: Wirtschaftsvölker nach der letzten Honigernte, Ableger im brutfreien Zustand (keine verdeckelte Brut; Honigernte erst im nächsten Jahr).
- Milbensituation vorher überprüfen: (Gemüll-) Diagnose
- gesetzliche Zulassungssituation der Anwendung überprüfen (siehe S. 134)
- Anwendungsgeräte vor Benutzung überprüfen (keine Schäden, im funktionsfähigen Zustand)
- Oxalsäure-Bedarf: Vorräte überprüfen, benötigte Menge berechnen
- Gemüllwindel säubern und einschieben („Ölwindel“ siehe S. 20)
- Flugloch kann eingeengt sein (kein Muss!)
- richtiger Zeitpunkt: möglichst ohne Bienenflug, alle Bienen erreichbar (morgens/abends)
- Dokumentation der Behandlung im Bestandsbuch (Details siehe S. 135)
- Milbenfall über 2 Wochen kontrollieren und dokumentieren – nach 2 Wochen setzt der natürliche Milbenfall ein (ohne Einwirkung durch die OS-Behandlung)
- Anwenderschutz: Säure ist ätzend und für Menschen gefährlich: siehe S. 143 (FFP2-Maske). Das versehentliche Einatmen von Oxalsäure-Sprühnebel und -Dämpfen kann zu Atembeschwerden und Hustenanfällen führen.
- häufigste Fehler: nicht Bienen besprüht, „nur“ die Wabenfläche, verdeckelte Brut mindert erheblich die Wirksamkeit

Ergänzung für Oxalsäure-Träufelbehandlung

- Anwendung möglichst mit kleiner Spritzenspitze (kleine Tropfen)
- häufigste Fehler: nicht Bienen, sondern Waben beträufelt, vorhandene verdeckelte Brut mindert erheblich die Wirksamkeit

Ergänzung für Oxalsäure-Verdampfung

- Beute abdichten, Löcher und Risse abkleben/verstopfen
- je nach Gerät: Stromanschluss/Autobatterie nötig, Akku geladen oder Verlängerungskabel vorhanden
- Anwenderschutz: Säure ist ätzend und für Menschen gefährlich: siehe S. 143
- höherer Anwenderschutz: FFP3-Maske oder Maske mit Kohlefilter
- häufigste Fehler: undichte Beute, fehlende Gemüllwindel („offener“ Varroaboden bedeutet schnelles Entweichen der Dämpfe), vorhandene verdeckelte Brut mindert erheblich die Wirksamkeit

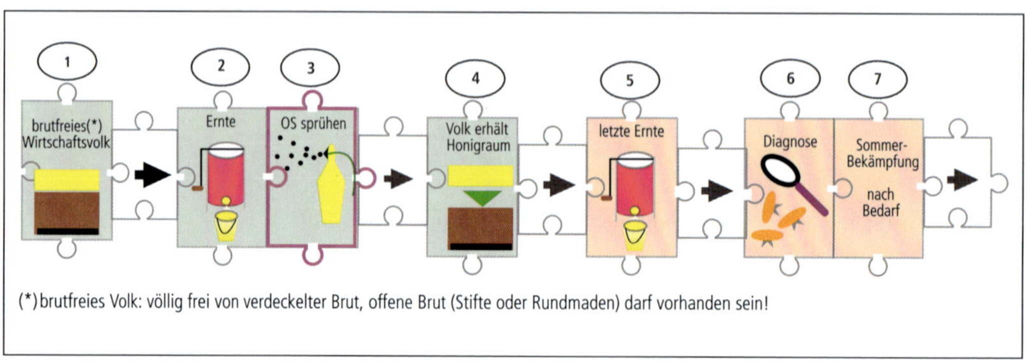

KEINE „Zwischenbehandlung“ vor der letzten Ernte

MILCHSÄURE

Chemisch
organische Säure

Zustand
flüssig zum Sprühen

Veränderung des Zustandes
flüssige Milchsäure bleibt bei der Anwendung flüssig

Wirkung
nur auf Varroamilben, die auf Bienen sitzen – nicht auf Varroamilben in verdeckelten Brutzellen

Präparate für die Anwendung im Bienenvolk (Auswahl)
Sprühbehandlung: Milchsäure Bernburg 150 mg/g (Serumwerk) direkt anwendungsfertig

Anwendungsgeräte
Sprühflasche

Anwendung in der Beute/an den Bienen
Sprühbehandlung: Besprühen der Bienen auf den Waben/im Schwarmfangkasten (die Varroamilben müssen nicht direkt getroffen werden!). Falls offene Brut in den Waben ist, nicht direkt in die Brutzellen sprühen: Sprühflasche schräg halten.
Wichtig: Die Behandlung muss zum Erreichen einer nötigen Wirksamkeit immer 2 × durchgeführt werden, im Abstand von wenigen Tagen!

Art des Bienenvolkes
Wirtschaftsvolk und Ableger (Jungvolk): brutfrei oder keine verdeckelte Brut

In welchem Zustand/Stadium des Bienenvolkes kann man behandeln?
Milchsäure wird von Bienenvölkern in verschiedenen Zuständen vertragen, sie führt z. B. nicht zum Ausziehen eines brut- oder weisellosen Volkes. Aber die Milchsäure kann nicht die Wachsdeckel von verdeckelten Brutzellen durchdringen:

So nicht! Zum MS-Sprühen sollte der Schwarm bereits auf Mittelwänden sitzen (ausgebaut haben).

Schwarm (im Schwarmfangkasten oder ähnlichem): ja
brutlos: ja
weisellos: ja
offene Brut: ja
verdeckelte Brut: nein

Zeitpunkt der Behandlung der brutlosen Völker
- Wirtschaftsvolk: nach der letzten Honigernte (Spät-)Sommer bis Winter
- Ableger: jederzeit (Honigernte im Folgejahr) Frühjahr bis Winter

Witterungsabhängigkeit der Anwendung
Weder von der Temperatur, noch von der Luftfeuchtigkeit (Nebel/Regen) abhängig.

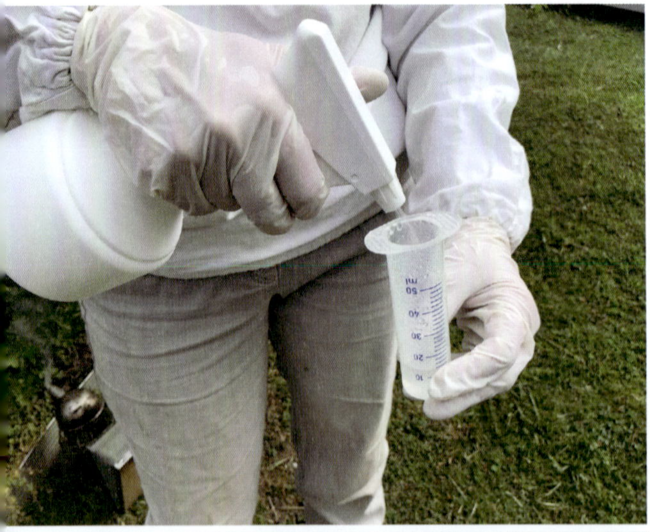

Das „Kalibrieren" der Sprühstöße mittels Spritze – es gibt auch Dosier-Sprühflaschen.

Anwenderschutz

— Allgemeiner Anwenderschutz: Schutzbrille, (Haushalts-)Handschuhe, bedeckende Kleidung und festes Schuhwerk, Eimer Wasser für Notfall und Augenspülflasche
— für Sprühbehandlung: FFP2-Maske
— Windrichtung beachten

Notfall

— bei Körperkontakt mit viel Wasser nachspülen, Augen: Spülflasche, Kleidung sofort wechseln; das versehentliche Einatmen von Milchsäure-Sprühnebel kann zu Atembeschwerden und Hustenanfällen führen
— (Not-)Arzt bei Unwohlsein, Übelkeit
— Notfall Telefonnummer 112

Nebenwirkungen bei den Bienen

Die Sprühbehandlung hat kaum merkliche Nebenwirkungen.
häufig: Absterben offener Brutstadien

Checkliste Milchsäure → siehe Checkliste Oxalsäure-Sprühbehandlung S. 146.
Wichtig: Wirksamkeit nur mit der zweifachen Anwendung!

Vorbereitung der Sprühbehandlung – vor oder nach dem Bienenflug werden alle Bienen besprüht.

THYMOL

Chemisch
ätherisches (flüchtiges) Öl

Zustand
- fest auf einem Trägermaterial aufgebracht (Thymovar® und Apilife Var®)
- in Gel eingebettet (Apiguard®)

Veränderung des Zustandes
Temperaturabhängiger Prozess (Stockwärme):
- festes (kristallines) Thymol geht in Dampf über (Thymovar®, Apilife Var®)
- Thymol in Gel eingebettet geht in Dampf über (Apiguard®)

Wirkung
nur auf Varroamilben, die auf Bienen sitzen – nicht auf Varroamilben in verdeckelten Brutzellen, Desorientierung der Milben

Präparate für die Anwendung im Bienenvolk (Auswahl)
Thymovar®: 1 Streifen 15 g Thymol
Apiguard®: 1 Schale 12,5 g Thymol
Apilife Var®: 1 Streifen 8 g Thymol, 1,7 g Eucalyptusöl, 0,39 Racemischer Campher und 0,39 g Levomenthol

Anwendungsform
Die Thymol-Präparate sind gebrauchsfertig eingepackt und werden auf die Rähmchenoberträger gelegt.
Wichtig: Abstand zum Brutnest lassen

Anwendung in der Beute/an den Bienen
Thymovar®: zweimalige Gabe im Abstand von jeweils 21 bis 28 Tagen (insgesamt 6 – 8 Wochen)
Apiguard®: zweimalige Gabe im Abstand von 14 Tagen (insgesamt 4 – 6 Wochen)
Apilife Var®: viermalige Gabe im Abstand von 7 Tagen (insgesamt 4 Wochen)

Art des Bienenvolkes
Wirtschaftsvolk und Ableger (Jungvolk): Brut in allen Stadien

In welchem Zustand/Stadium des Bienenvolkes kann man behandeln?
Eine Thymolbehandlung erfordert ein Bienenvolk, das lange und ruhig den Dämpfen des Wirkstoffes ausgesetzt werden kann. Daher ist nicht jedes Stadium eines Bienenvolkes für eine solche Behandlung geeignet. Thymol durchdringt nicht stark genug die Wachsdeckel der verdeckelten Brutzellen, daher werden die Milben erst geschädigt, wenn die Biene aus der Brutzelle geschlüpft ist.

Schwarm (im Schwarmfangkasten oder ähnlichem): nein
brutlos: ja
weisellos: nein
offene Brut: ja
verdeckelte Brut: ja

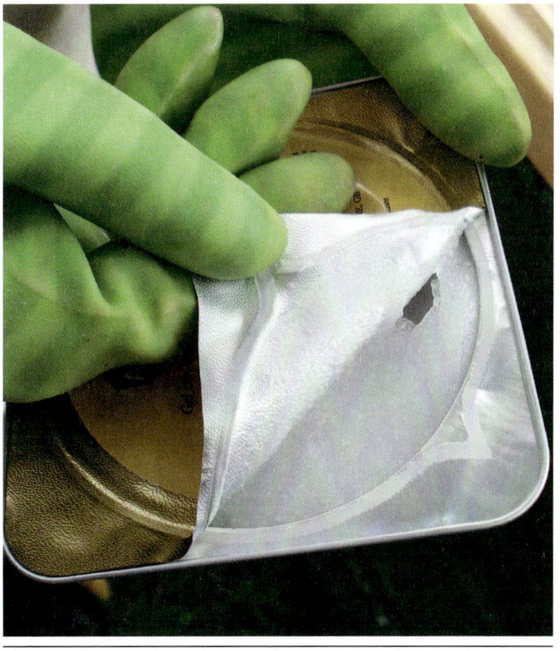

Apiguard®-Verpackung: Deckel abziehen und ins Volk stellen.

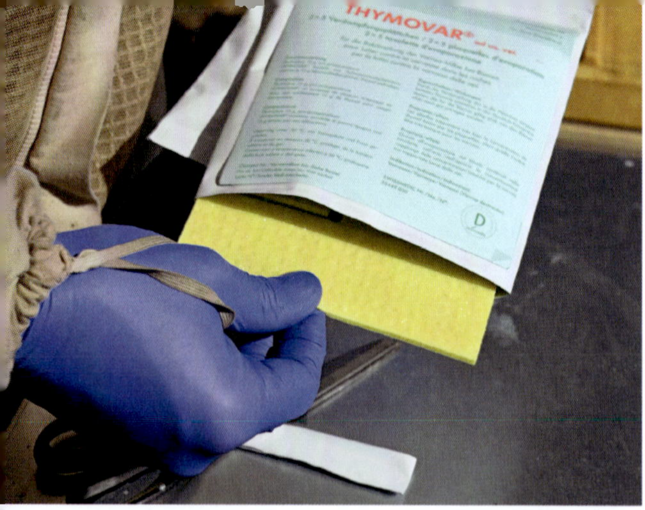

Thymovar® besteht aus festen Schwammtuch-Platten.

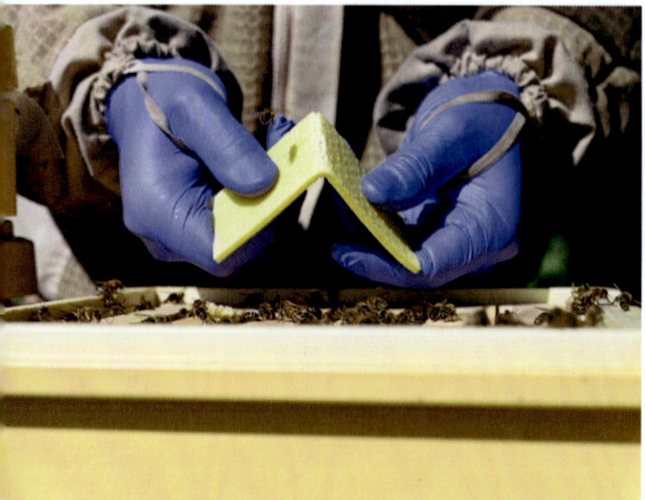

Dosierung durch Teilung der Platten (Schere geht auch).

Auflegen direkt auf den Oberträger, rund ums Brutnest.

Zeitpunkt der Behandlung der brütenden Völker

— Wirtschaftsvolk: nach der letzten Honigernte Sommer(*)

— Ableger: jederzeit (Honigernte im Folgejahr) Sommer(*)

(*) Für eine Wirkung auf Varroamilben sind ausreichend hohe Temperaturen über den gesamten Anwendungszeitraum erforderlich. Daher wird von Praktikern empfohlen, Wirtschaftsvölker in Deutschland nach der letzten Honigernte spätestens ab dem 15. Juli zu behandeln.

Witterungsabhängigkeit der Anwendung

Ja – erheblich von der Temperatur abhängig, > 15 Grad Celsius, optimal sind 20 – 25 Grad Celsius. Bei Tages-Maximaltemperaturen von 30 Grad Celsius und mehr kommt es vermehrt zu erheblichen Nebenwirkungen.

Anwenderschutz

Allgemeiner Anwenderschutz: Schutzbrille, (Haushalts-)Handschuhe, bedeckende Kleidung und festes Schuhwerk, Eimer Wasser für Notfall und Augenspülflasche

Notfall

— bei Körperkontakt mit Wasser nachspülen, Augen: Spülflasche, Kleidung sofort wechseln;

— (Not-)Arzt bei Unwohlsein, Übelkeit

— Notfall Telefonnummer 112

Nebenwirkungen bei den Bienen

häufig: Absterben offener und verdeckelter Brutstadien bei hohen Außentemperaturen besonders ab > 30 Grad Celsius
häufig: Abnahme des Futtereintrags
selten: Unruhe der Bienen

Anwendung der Thymol-Präparate im Bienenvolk

In Imkerkursen können diese Schritte erlernt werden. Bei der erstmaligen Anwendung sollte eine sachkundige Person anwesend sein!

Umgang mit Thymol in der Imkerpraxis

Schutzkleidung: Tragen Sie immer ausreichend Schutzkleidung (mindestens (Haushalts-) Handschuhe und Schutzbrille).

Zerteilen von Streifen: mit einer Schere die Streifen zerschneiden

Lagerung: kühl (Zimmertemperatur) und dunkel lagern

Angebrochene Verpackungen (Streifen oder „Gel-Dose") müssen aufgebraucht werden (Geruchsentwicklung!). Diese möglichst zeitnah aufbrauchen (ohne lange Lagerung), denn die Wirkstoffmenge reduziert sich durch Verdunstung!

Entsorgung: im Hausmüll

CHECKLISTE: THYMOL-BEHANDLUNG

— Behandlung planen: Wirtschaftsvölker nach der letzten Honigernte und (überwiegend) warme Witterung, Temperaturen im optimalen Bereich (20–25 Grad Celsius). Empfohlen wird der 15. Juli als spätester Behandlungsbeginn.
— Milbensituation vorher überprüfen: (Gemüll-) Diagnose
— gesetzliche Zulassungssituation der Anwendungsart überprüfen (siehe S. 134)
— Thymol-Bedarf/ -Vorräte überprüfen, benötigte (Gesamt-)Menge berechnen
— Bienenvolk vorbereiten: kein überflüssiger Beutenraum (verdünnt die Thymol-Dämpfe), jedoch ist etwas Raum über den Präparaten nötig (Halbzarge oder Ähnliches aufsetzen)
— Gemüllwindel säubern und einschieben („Ölwindel" siehe S. 20)
— Flugloch komplett öffnen
— keine größeren Kontrollen/Störungen an den Völkern vornehmen
— Rauchstöße auf die Waben geben und Wachsstege auf den Rähmchenoberträgern entfernen, bevor Thymol-Streifen oder Gel-Dose aufgelegt werden. Abstand zum Brutnest einhalten
— Abstand (Halbzarge oder Ähnliches) verhindert den Kontakt zwischen Thymol-Streifen/Geldose und Dämmplatte/Deckel
— Deckel auflegen
— Überdosierung erkennen: bei hohen Außentemperaturen >30 Grad Celsius Beute von außen beobachten → bei starker Unruhe oder herausstürzenden Bienen, Thymol entnehmen und die Gemüllwindel entfernen (Förderung der Belüftung). Fortsetzung der Behandlung unter günstigeren (kühleren) Bedingungen.
— Dokumentation der Behandlung im Bestandsbuch (Details siehe S. 135)
— Thymol-Präparate nachlegen: Je nach Präparat sind die Streifen/Gel-Dose nach ein bis zu 4 Wochen aufgebraucht und müssen ausgetauscht werden (Herstellerangaben beachten)
— Milbenfall über 3 Wochen kontrollieren und dokumentieren – nach 3 Wochen setzt der natürliche Milbenfall ein (ohne Einwirkung durch die Thymol-Behandlung)
— besondere Beachtung: Alle (Brut-)Waben sollten spätestens im nächsten Jahr eingeschmolzen und nie ausgeschleudert werden. Während der Behandlung dürfen keine (!) Honigwaben anwesend sein!
— häufige Fehler: falsche Dosierung, überzähliger Beutenraum, fehlende Gemüllwindel („offener" Varroaboden) und zu geringe Außentemperaturen (zu später Behandlungsbeginn)
— Anwenderschutz: Dämpfe können die Lunge reizen (unbedingt eine Maske tragen!), Kontakt mit Thymol kann zudem zu (Haut-) Reaktionen führen (nur mit Handschuhen arbeiten!)

WISSENSWERTES

— *für Imkerinnen und Imker*

NÜTZLICHE ADRESSEN

Deutscher Imkerbund e. V.
„Haus des Imkers“
Villiper Hauptstraße 3
D–53343 Wachtberg
Tel.: +49 (0) 22 8 93 29 20
deutscherimkerbund@t-online.de
www.deutscherimkerbund.de

Österreichischer Imkerbund
Georg-Coch-Platz 3/11a
A–1010 Wien
Tel.: +43 (0) 15 12 54 29
www.imkerbund.at

Bienenorganisationen der Schweiz (apisuisse)
https://bienen.ch

Arbeitsgemeinschaft der Institute für Bienenforschung e. V.
https://ag-biene.uni-hohenheim.de

Friedrich-Löffler-Institut
www.fli.de

Julius Kühn-Institut, Institut für Bienenschutz
https://bienenuntersuchung.julius-kuehn.de

Österreichische Agentur für Gesundheit und Ernährungssicherheit GmbH
www.bienengesundheit.at

Bieneninstitut Schweiz
www.agroscope.admin.ch

Nederlandse Bijenhoudersvereiniging NBV
www.bijenhouders.nl

Bei der Ansprache im Text sind immer alle drei Geschlechter gemeint. Wir nutzen jedoch meist die männliche Form. Dadurch wird das Buch leichter lesbar. Dafür bitten wir um Verständnis.

DANKSAGUNG

Die Inhalte dieses Buches basieren auf den Erfahrungen vieler Menschen, denen ich zu Dank verpflichtet bin, sie jedoch nicht einzeln auflisten kann. Bei der Entstehung halfen mir folgende Menschen mit Tipps und Diskussionen mit diesen Schwerpunkten: Gerd Blume (Imkertauglichkeit), Karsten Elze (Grafik), John Fromme (Didaktik), Annet Kunneke (Didaktik und Imkertauglichkeit), Gesche Trötschel (Richtigkeit und Imkertauglichkeit). Für ihre Beiträge danke ich Dr. Hannes Beims, Dr. Ralph Büchler und Lena Frank.
Folgenden Firmen danke ich für Auskunft: Andermatt BioVet AG (Ralph Schmidgall und Marc Kalmbach), Serumwerke Bernburg (Steffanie Hoffmeister) und Ecodesign Company (Prof. Dr. Wolfgang Wimmer).
Den Bildautoren danke ich für die Bildrechte zum Abdruck.
Georg Hansen danke ich für die vielfältige Unterstützung bei diesem Projekt.

Erfolgreich imkern

—— Krankheiten vorbeugen

Friedrich Pohls „1 x 1 des Imkerns" ist das Standardwerk für Imker und wird in vielen Imkerkursen von Vereinen und Verbänden eingesetzt und empfohlen. Der fundierte Ratgeber bietet Einsteigern umfassende Informationen und vor allem klare Handlungsanweisungen: angefangen von der Biologie der Honigbiene über die einzelnen Arbeitsschritte am Bienenstock bis zu Fütterung, Honiggewinnung und Bienengesundheit. Angesichts der schwindenden Vielfalt von Futterpflanzen wird auch „Wanderung mit Bienen" thematisiert.

176 Seiten, ca. €(D) 22,00

Bienenvölker und somit auch die Imker leiden nicht nur unter der Varroamilbe, auch weitere Krankheiten und Schädlinge schwächen die Völker. Bienenfachmann Dr. Friedrich Pohl zeigt, wie man seine Bienen schützt und dem Bienensterben Einhalt gebietet. Anhand zahlreicher Fotos und auch für Laien verständlich beschreibt er die verschiedenen Krankheiten und ihre Behandlung. Diagnosetafeln helfen, Veränderungen rechtzeitig zu erkennen und schnell zu handeln. Hintergrundwissen und praktischer Rat zum Schutz der Bienen – für Hobbyimker und Fachleute.

240 Seiten, ca. €(D) 30,00

kosmos.de

ZUM WEITERLESEN

Hier finden Sie eine Auswahl an Imker-Ratgebern aus dem Kosmos-Verlag.

ARBEITEN IN DER IMKEREI

Faiss, Sebastian & Katrin: **Imkern.** Modern – Bienengemäß – Effizient.

Gerstmeier, David & Tobias Miltenberger: **Ökologische Bienenhaltung.** Die Orientierung am Bien.

Miltenberger, Tobias: **Ökologische Bienenhaltung** – Das Praxisbuch.

Pohl, Dr. Friedrich: **1 × 1 des Imkerns.** Das Praxisbuch.

Schlörholz, Matthias: **Bienenwachs und Wachskreislauf.** Umfassendes Wissen und praktische Anleitung zur wachsautarken Imkerei.

Ullmann, Michael: **Einräumig imkern auf Zander.** Im angepassten Brutraum.

Weber, Johannes: **Bienen halten mit der Bienenbox.** Ökologisch imkern auf kleinstem Raum.

BIENENPRODUKTE

Bort, Rosemarie: **Honig, Pollen, Propolis.** Sanfte Heilkraft aus dem Bienenstock.

BIENENGESUNDHEIT

Pohl, Dr. Friedrich: **Handbuch Bienenkrankheiten.** Vorbeugen – Erkennen – Behandeln.

BIENENNAHRUNG

Pritsch, Dr. Günter: **Bienenweide.**
200 Trachtpflanzen erkennen und bewerten.

FÜR KINDER

Bude, Sarah und Rebecca Schmitz: **Das Imkerbuch für Kids.** Beobachten – Mithelfen – Ernten.

BIENENZEITSCHRIFTEN

Deutsches Bienenjournal
Bienenjournal@Bauernverlag.de
www.bienenjournal.de

Bienen&Natur
kundenservice@dlv.de
https://bienenundnatur.de

Schweizerische BienenZeitung
https://bienenzeitung.ch/

Hier schlüpft bald eine neue Königin.

REGISTER

BILDNACHWEIS

Mit 78 Farbfotos von Dr. Friedrich Pohl.

Weitere Farbfotos von Andermatt (15: S. 137, 139 außer u.re., 142 li., 144, 150), Annet Kunnekte (10: S. 6, 12, 16, 21 o., 33, 44, 55, 124 u., 142 re.), Dr. Frank Neumann (Aulendorf) (2: S. 29 li.), Prof. Dr. Werner von der Ohe (1: S. 11 o.), Herr Schütte (1: S. 11 u.), Gesche Trötschel (1: S. 152), Prof. Dr. Wolfgang Wimmer (Ecodesign Compagny) (4: S. 119, 120).

Mit 35 Grafiken von Dr. Friedrich Pohl und einer Grafik von Karsten Elze (S. 14)

IMPRESSUM

Umschlaggestaltung von GRAMISCI Editorialdesign/Isabelle Fischer unter Verwendung von vier Farbfotos von Paul Tessier/Stocksy (U1), Dr. Friedrich Pohl (Klappe vorne außen, U4, Autorenfoto, Symbole Klappe vorne innen).

Mit 116 Farbfotos und 36 Grafiken.

Unser gesamtes Programm finden Sie unter **kosmos.de.**
Über Neuigkeiten informieren Sie regelmäßig unsere
Newsletter, einfach anmelden unter **kosmos.de/newsletter**

Gedruckt auf chlorfrei gebleichtem Papier

ISBN 978-3-440-17565-1
Redaktion: Hilke Heinemann
Gestaltungskonzept: Peter Schmidt Group GmbH, Hamburg
Gestaltung und Satz: Katrin Kleinschrot, Stuttgart
Produktion: Angela List
Druck und Bindung: Westermann Druck Zwickau GmbH, Zwickau
Printed in Germany / Imprimé en Allemagne

FSC www.fsc.org MIX Papier | Fördert gute Waldnutzung FSC® C110508